U0937181

猴面包树

Manuel

Ariane Calvo

se protéger et s'en sortir

d'auto-défense

我们与心理暴力的距离

contre les Violences

［法］阿丽亚娜·卡尔沃 著　欧瑜 译

psychologiques

上海三联书店

目录

对灵魂的伤害无法为肉眼所见，但这并不妨碍它们致人痛苦。这是犯罪，因为这些伤害的目的就是消灭他人。

玛丽-法兰丝·伊里戈扬

（Marie-France Hirigoyen）

精神科医生、心理骚扰研究专家

本书是《揭秘心理暴力》[1]的续作，通过众多心理暴力受害者的亲身经历，对《揭秘心理暴力》一书进行了拓展和完善。这些受害者成功克服了心理暴力并采取了新的、更为坚定果敢的行为方式。本书每一章中建议的“要诀”不再局限于反操控技术，而是涵盖了反操控过程的各个阶

1 阿丽亚娜·卡尔沃，《揭秘心理暴力》（*Le Décodeur des violences psychologiques*），巴黎，First Éditions出版社，2019年。

段：自尊、尊重自己的需求、遇见自己内心的小孩、自我肯定、认识“攻击系统”、识别自己的价值观……生动而系统的叙述使本书成为了解心理暴力和对其进行自我防御的、名副其实的全方位指南。

暴力是生活的一部分。“暴力”一词来自拉丁文vis，意思是：力量、活力、权力、生命力。有一种基本的暴力参与到人的构建中，但是，从最普通的意义上来说，“暴力”这个词指的是力量或权力的滥用，这种滥用破坏了他人身体或心理的完整性。构成暴力的不仅仅是身体上的冲撞，更是一种基于控制和支配的关系模式。

玛丽－法兰丝·伊里戈扬

与身体虐待不同，心理和情感暴力总是更加隐蔽且难以评估。身体虐待更为明显，表现为戏剧性的、暴力的和可见的肢体爆发。心理和情感暴力无声而隐匿的形式使这些暴力在没有证据的情况下不断推进，直到受害者对其习以为常。

第一章

什么是心理暴力?

一种试图“消除他人”的暴力

心理暴力是最不为人所知的暴力形式，但却是我们最容易接触到的，主要原因有两个：

首先，这种暴力形式仍存在于教育中，无论是以自愿还是非自愿的方式，更广泛地说，这种暴力形式是所有具有某种支配关系的一部分。事实上，西方教育模式仍然经常像是知者和不知者之间的一种等级关系，无论在何种情景（家庭、学校、体育，甚至医疗）中。在这一背景下，孩子不会去学习评价教育主张，也就是成人给出的建议或命令，不会去学习批评它或通过调整和吸收它将其纳为己用。很多时候，孩子仍然被要求“生吞下”传递给他的东西，而无法反思或理解自己对这些东西的想法。这种旨在强迫儿童为了成人的利益而自我消除的教育方式就是对儿童实施的暴力，并在儿童的心理结构中为面对暴力时的脆弱性埋下了伏笔，这种脆弱性将会是难以克服的。对小女孩的教育，仍然常常建立在取悦的指令上，而取悦更容易导致这种心理和情感上的身份消除，并伴随成年后的严重后果。

其次，心理暴力总是隐藏在另外两种更为明显的暴力形式中，即言语暴力与身体和/或性暴力。我们在后文中会简短地提及，因为这两种暴力形式更为人所知，被研究得更多，更显而易见，而且不是本书的主题。在所有身体、性和言语暴力的情境中，我们都会看到心理暴力。实际上，这些暴力试图在整体上消除对方：不仅是这个人的身体，还有这个人的思想。为了破坏对方的心理情感系统，施暴者会（即便是无意识地）诉诸心理暴力。当身体受到侵害时，头脑就不再作出反应，不再反抗，不再具有力量。一旦这个不可逆的过程就位，这个人就会被进一步禁锢和封闭。遭受的心理暴力越多，受害者就越无法从这种控制中脱身。对暴力的控诉往往涉及断章取义的单个身体暴力场景：一记耳光、一顿暴打、一次威胁、一次侮辱。然而，这一场景往往讲述了一个故事，一种由侮辱、诋毁、羞辱、骚扰、孤立、压迫和勒索组成的生活。身体暴力是心理暴力的黏合剂、基石，它也是控制的可见症状。因此，当存在身体暴力时，就必然会存在系统性的心理暴力。

索菲亚的亲身经历

索菲亚7岁时来到法国。她的家人在街头生活了一个月，之后才在法国南部的一个大城市定居下来。几个月前，她的童年突然闪现眼前。她意识到自己在生活中遭受的所有暴力都源自她父亲所施加的心理暴力，这种心理暴力以各种方式作用于所有的家庭成员。

就在两个月前，在被诊断出创伤后应激障碍抑郁症后，一切才开始在我的脑海中清晰地呈现出来。

暴力在我的生命之初就开始了。我母亲跟我坦白说，我出生三天后，父亲就打了她，打到大出血。我出生的房间里全是血。

我从两三岁起就很怕我的父亲。在外面，当我和他在一起时，他会突然强行抱住我，这让我感到很不舒服……在家里，他怒睁双眼的病态注视让我坐立不安。多年来，他采取了一种不断重复的行为模式。他侮辱我，贬低我，不让我出门。我本可以不听他的话，去参加朋友的聚会，或者谈论这些聚会，但我觉得可能会因此招来致命的惩罚。他让我感到万分恐惧，虽然我性格坚韧，但还是尽量小心翼翼。我要么顺从他所有的要求以换取安宁，比如每天早上6点去给他送咖啡，否则的话就会落得断几根肋骨的下场。

后来，除了在认为我衣着不得体时直呼我荡妇来控制我的穿衣方式之外，他还会跟着我去学校，看看我是不是跟男孩子说话了，并查看我的手机。

我哥哥比我大7岁，在我9岁时就把我当作他的性玩物。没有任何人注意到发生了什么。这种情况持续了两年，多年来我什么也没说，一直生活在恐惧中，心中极度不安，在家里头都不敢抬；有时候，我也会觉得有必要大声哭诉自己遭受的不公。

最终我离开了，几乎是逃走，在2014年的一天。不过我在凌晨1点从警察局回来了，讽刺的是，我是去警察局投诉自己在地铁上遭遇的性侵未遂……

心理暴力的表现可以是言语攻击、威胁、骚扰和持续的批评，也可以是更为微妙的手法，比如恐吓、羞辱和操控。此外，心理暴力还涉及我们所说的以无意识的方式施加的“软暴力”：伪装成对他人关注的冷漠（与人交谈却不看对方，行为上在照顾某人却没有真正关注他的需求……）。

无论哪种情况，心理暴力都是一种具有伤害性的关系形式，会使一个人的思想、意志、行动和决定受制于另一个人。心理暴力总是意在控制和支配对方，而且在很多时候，它的产生是因为施暴者本人经历过未被治愈的童年创伤和不安全感，从而使受害者对其他受害者产生共情，并更有可能再次遭受暴力。心理暴力的施暴者没有学会健康的适应机制，无法建立积极平等的关系。相反，施暴者会感到受伤、愤怒，甚至恐慌，因为他觉得自己无法被爱。

心理虐待会带来严重的后果。专家们将这种暴力称为

“身份拆除行为”，的确，心理虐待构成了“使人对自己和周围世界的想法产生质疑的自恋攻击”（热拉尔·洛佩兹Gérard Lopez）。

获得社会对心理暴力必要的承认

直到最近，在法国，除了恶意电话和威胁之外，只有发生在工作场所的精神骚扰才会受到法律的制裁：“具有以可能损害职员的尊严、改变其身体或精神健康或牺牲其职业未来的方式来降低其工作条件之目的或后果的重复性行动，可判处一年监禁并罚款1.5万欧元。”[1]

在法国，自2010年6月24日起，夫妻间的心理暴力构成犯罪，最高可判处三年监禁并罚款7.5万欧元。此类心理暴力被定义为“可能包括言语和/或行动的行为，使受害者的生活条件恶化，从而导致其身体或精神健康的恶化”[2]。

2019年12月3日，一项旨在保护家庭暴力受害者的法案被提交，其中特别规定了加重罪行情节的新条款：“当骚扰导致受害者自杀或自杀未遂时，刑罚将增至十年

1 《法国刑法》第L. 222–33条。

2 2010年7月9日关于暴力侵害妇女以及婚内暴力及其对儿童影响的第2010–769号法令。

监禁和罚款15万欧元”[1]。凯瑟琳·勒·马格里斯（Catherine Le Magueresse）——法学家、索邦大学法律与哲学研究所副研究员、欧洲反职场暴力侵害女性协会（AVFT）前主席——也认为，这些导致自杀或自杀未遂的暴力行为理应受到相应的惩罚："在这种情况下，自杀不是由受害者，而是由侵害者实施的。我们必须把关注点重新放到责任人身上，他是实施暴力的人。这不再是一起自杀，因为它是由他人引发的。这里有一个因果关系：如果没有这种暴力行为，受害者就不会死。"

心理暴力会对受害者的精神完整性造成极为严重的损害，具有堪比疯狂和精神死亡的真实破坏力，甚至可以迫使受害者自杀，但这些很难被证明。因此，有必要收集证词并保存证据（信件、电话信息、短信或电子邮件）。

法国国家统计与经济研究所（INSEE）在2014年和2015年进行的关于配偶间心理伤害的调查结果显示，在18至75岁的女性和男性中，有12.7%的女性和10.5%的男性受到不同程度的心理骚扰。而近年来，此类婚内暴力已被纳入立法范畴[2]。除保护令外，法律还对监禁和罚款作出了规定。相关法规首次将“具有以可能损害受害者生活条件、侵犯其权利和尊严或导致其身体或精神健康恶化之目的或

1 《法国刑法》第L.222-33-2-1条。

2 2010年7月9日第2010-769号法令。

后果的重复性行动”界定为配偶间心理暴力的轻罪。

表1　报告遭受职场暴力和配偶间暴力的个体百分比

	职场（12个月内）			配偶间（12个月内）	
	心理暴力	身体暴力	性暴力	心理暴力	身体暴力
女性	14.9%	1.6%	1.1%	4.6%	3.3%
男性	11.6%	1.1%	0.5%	1.5%	0.5%

表2　在过去12个月中报告遭受职场暴力的个体百分比[1]

	反复批评，羞辱	直接侮辱，企图破坏名誉	恐吓（大喊大叫、拳打脚踢或砸东西）
女性	10.3%	7.9%	3.7%
男性	7.2%	6.4%	3%

为了了解、掌握和衡量基于性别的暴力，法国国家人口研究所（INED）于2015年开展了一项全国调查。[2]此次调查引人瞩目之处，一是范围甚广：受访者达27268名；二是调查方法多样：对暴力行为的研究不仅根据性别进行划分，还根据生活领域进行划分，如夫妻、街头或职场。

第一个发现：公共空间，尤其是职业空间，似乎比婚姻空间更加暴力，男性也不例外。这两个“空间”之间的

1　资料来源于《心理学杂志》（*Psychologie magazine*），2020年1月14日。

2　这项名为“Virage暴力与性别关系，女性和男性遭受暴力的情景与后果”的调查结果由法国国家人口研究所进行了统计并发布在名为《Virage 调查与关于性暴力的初步结果》（*Enquête Virage et premiers résultats sur les violences sexuelles*）一书中。

差异在心理暴力的报告中达到顶点。在工作中，女性遭受的心理暴力比在婚内遭受的要多三倍，男性则多七倍。

第二个发现：女性在不同的情景（家庭、公共空间、校园）和不同形式（心理暴力、身体暴力和性暴力）中受到累积暴力的影响更大。在女性身上，即使是最轻微的暴力也会交织起来并不断沉积。这就是英国社会学家、性虐待问题专家丽兹·凯里（Liz Kelly）所说的“暴力的连续体”。凯里通过采访受虐妇女而形成的概念表明，单一暴力，比如打一拳，永远不应作为孤例看待。要了解它的影响，就必须考虑到所有其他的因素，考虑到个人的整体经历。她告诉我们：“正是通过这种联系，（受害者）才能够定义他们经历了什么。”

这个概念彻底改变了我们对暴力的思考方式：不再以施暴者在限定情景中实施的单一行为作为出发点，而是以受害者的感受为出发点，后者经历的是一种多形态和分散的暴力。这种做法很难移换到司法领域（法律会反过来将暴力行为单挑出来，以便能够将其归咎于责任人），它让人能够考虑到暴力的原因和后果：不仅仅是拳打脚踢，还有影响的程度。

心理暴力与既有观念

关于心理暴力人们最常见的观念是，它最常见于夫妻关系中，在这种关系中，一个暴虐的男人摧毁了一个顺从的女人。然而，男性和女性会在不同的领域使用心理暴力，使用的频率是相同的。但是，由于这种类型的暴力包含在其他两种类型中，而这两种类型的暴力往往更多地出现在男性身上，因此，这种运作机制的男性主导就会很明显。心理虐待可能发生在任何关系中，比如父母与子女之间、同事之间、朋友之间和亲属之间。

另一种观念认为，因为心理暴力是主观的，所以和身体暴力相比没有那么严重，或者更富于幻想性（那句众所周知的“那是你想出来的”）。因此，“客观的暴力”应该是受害者遭受的，并能够被社会明显界定的暴力（殴打、强奸等），而“主观的暴力”应该是受害者感受到的暴力，无论受害者是否能够对其有所意识并用语言表达出来。然而，被一个人视为暴力的行为，对另一个人来说却不是。个体的限制、个人的价值和自尊，是我们能够在各类暴力中划定个人界限的唯一基准。这有时会导致受害者形成一种典型的说法：“在我听了某某的遭遇之后，我觉得发生在我身上的事情，也没那么糟糕……”

痛苦是个体化的，是因人而异的，它不具有像身体疼痛那样的标准尺度，它既不应该从非当事人的角度被评估，也不应该被判定为不具备充分理由。

第二章

心理暴力从何而来？如何形成？

在日常生活中，心理暴力是由羞辱、反复贬低、粗暴或持续地指责构成的，其目的是打压他人。这与经典的家庭场景、争论、源于分歧的冲突（当事双方会相互争辩）完全不同。根本的区别就在于，在心理暴力中，不可能存在相互性：回应会被扼杀、贬低，并最终被摧毁。

这些你可能很难识别的暴力会给你形成一种身体和情感上的不安全氛围。你会因为突如其来的、不可预知的冲突、不可名状的反复恐吓（“不，我没有施暴！是你什么都不懂！”）、频繁的威胁（但不被承认，或以你可能“失当的”行为为理由并变得合理）、勒索、阴险的影射、破坏稳定的愤怒而感到脆弱，有时甚至感到精神不稳定，这些愤怒让你产生了一种羞耻感，并总是通过你的言行而变得“合理化”，从而“准确地”触发这些直接的或潜伏的暴怒发作。

这种运转不良的系统，其逻辑后果是创造了一种令人不安的环境氛围，这种氛围随时可能爆发，并使你产生一种深深的自卑感和无价值感。这种感觉会因批评、心理伤害和轻视态度（如果你“不乖”，如果你没有满足施暴者非言语和无法预见的期待）而加剧。

如果你是此类暴力的受害者，你可能是出于几个原因放弃了作出回应的权利。首先是因为不想引得指责和贬低升级，其次是因为你最终明白了，质疑这一系统、争论和解释没有任何用处。你掉进了一个陷阱，没有任何理性或可以接受的出路。

这些你几乎每天都在承受的伤害，通过持续的矛盾言语、不言而喻的话语、谎言、操控、做戏和影射，制造出一种充满怀疑和困惑的气氛。事实上，这些伤害总是表现得好像是你行为的后果：你总是“失足”，却不愿承认。更糟糕的是，你有时会尝试质疑施暴者，而对方会立即将问题抛回给你，并因为你胆敢这么做而被激怒：“不是！那你是在取笑我咯？”“你以为你是谁啊？”“你把我惹火了！（侮辱了我）”“你还是什么都不明白。”“你是故意的还是怎么着？”……这些谩骂通常会伴随着威胁，施暴者会威胁要离开你，让你一个人面对自己的悲惨命运，或者，最严重的情况是，如果你看起来过于果决地不要再逆来顺受，那接下来的就是自杀式勒索，因为突然间，似乎没有你的生活就是不值得的，即使在一小时、一天、一个月之前，你还是（所谓的）……无法相处的。

教育心理暴力

玛丽–法兰丝·伊里戈扬在其专门讨论婚内暴力的文章《从恐惧到服从》[1]中，对自杀式勒索进行了解释，并

1 玛丽–法兰丝·伊里戈扬，《从恐惧到服从》（*De la peur à la soumission*），收录于Empan杂志，2009年1月（第73期），第24—30页。

将其列为最厉害的心理暴力工具之一。她指出："自杀式勒索是一种极其严重的暴力形式，它迫使伴侣担下暴力的责任。"

夫妻间所有那些难以名状的小小攻击往往在两人最初相遇时就已存在，但包裹着一层诱人的糖衣。这些弥散式的攻击往往无法引人警觉："他压力有点大。""他会改的，他答应过我。""她没有意识到。""他有时候是这样的，但在其他方面很注意。"……

渐渐地，你会感到愧疚、自卑、无能……而恰恰就是这种自我贬低让你无法认为施暴者这样做是对你的伤害。你的心理痛苦会表现为各种症状：过度警觉（你会动辄吓一跳，注意到并听到以前听不到的声音，你在听到门打开时会隐约感到不安），失眠（你无法入睡或在半夜醒来，或是睡眠不安且无法得到弥补），疼痛（尤其是颈部、斜方肌、腰部和胃部），呼吸困难（呼吸能力受限、哮喘、睡眠呼吸暂停），慢性疲劳，人格解体（你觉得自己正在慢慢死去，不再是真正的自己，你"看见"自己的行为举止仿佛游离在自身之外），混乱（难以集中注意力，难以思考并清楚地表达自己的想法、争论），焦虑、注意力不集中，绩效下降，越来越频繁或长时间地消沉，饮食紊乱（厌食或暴食），成瘾（烟草、酒精，还有强迫性购物），性欲低下（使得和负罪感和/或羞辱相关的心理暴力大大增加）。

从长期来看，反复的暴力会造成一种精神解离（大脑会有一片空白的感觉）和情感麻痹（不再感觉到情绪）的状态，从而导致很多自相矛盾的行为：对施暴者的行为轻描淡写，依赖施暴者，无法行使自主权和自由意志，混乱，即时失忆和部分失忆。

这种现象会让你周围的人和试图帮助你的人感到困惑，因为这一系列令人担忧的症状表明你显然还没有开始觉醒，你会感到很难与施暴者分离开来，因而时常会形成以下循环：

- 你周围的人的警觉；
- 全面来袭的悲伤或愤怒；
- 分开的决定；
- 随后很快回到之前的状态；
- 然后是一种加倍爱的感觉或忠诚感。

这种对施暴者的依赖主要源自两个方面：一方面，你想逃离创伤记忆（因为经历重现[1]和因受阻而无法思考、记忆和集中注意力是非常令人不快的）；而另一方面，要么你认为自己无法做到没了对方也能生活，要么你笃信对方不能没有你，而且你认为对你们正在一起经历的危机负有责任。

1 重现是对创伤事件的侵入性记忆，由任何与之相关的事物触发：某个地点、某种声音、某种气味、某个图像等。

心理暴力：一种复杂性创伤

由于压力、弥漫式暴力和它们特有的消耗性，心理暴力会导致严重的心理创伤。这种特殊的创伤被称为复杂性创伤[1]，因为它是由一种虐待态度引起的，如果这种态度只出现过一次，那么可能几乎是没有痛苦的，但如果随着时间的推移而出现得太久或太过频繁，那么最终会在你身上产生一种等同于简单型创伤的情感印记[2]，就像一次严重的事故或突如其来的哀悼。

此类事件往往会让我们成年后回到在有毒和苛刻的教育模式中已经以类似形式经历过的情况。如果你成年后在夫妻关系或工作中曾是心理暴力受害者，你很可能在童年时期就经历过心理暴力，这种关系模式让你形成了某种形式的情感麻痹并回避清醒的无意识行为，这往往会让你更容易受到支配、愧疚、操控和“物化”情境的影响。

由于这些心理暴力与父母或家庭的爱或情感话语相叠合，因此你不再知道如何区分爱与暴力，也不再知道如

1　复杂性创伤：参见第143页文字。

2　情感印记：参见第158页文字。

何剥离这两个对立的实体。你有时会觉得自己拥有一个相对平静的童年、有爱的父母，但你很清楚实际情况绝非如此。你不敢和父母讨论这个问题，或者你已经切断了你们之间交流的纽带，但不管怎样，你知道他们给予你的不是无条件的爱。

为了保护自己，你必须了解是什么过程让心理暴力在你的生活中得到了象征性的允许。这个过程，简单来说，就是你允许了心理暴力的发生，因为它来自爱你和保护你的人，所以在你童年时的心理系统中，不可能把爱运转不良的表现识别为虐待。

在童年的关系动态中，觉得自己有权对你施加心理暴力的是父母、祖父母、教师和/或教育者，而这些心理暴力的发生总是伴随着条件反射和情感麻痹的过程，并致使受害者有可能在没有立即意识到发生了什么的情况下经受了心理暴力，而且无法对其进行定性，更谈不上禁止或远离了。

太乖的孩子背后隐藏着什么

《法国刑法典》惩罚针对身体或心理完整性的侵害行为，第221-1条专门针对有意而为的此类侵害行为。可惜，有意的侵害很难加以证明，尤其是对儿童的侵害。这既是因为施暴者在大多数时候根本没有意识到自己的孩子在心理上遭受了痛苦的伤害，也是因为受害者的极度脆弱和不成熟。事实上，一个孩子能够将自己遭受的羞辱、欺凌、贬低或情感孤立描述为“心理暴力”的少之又少，能够将这些心理暴力描述为“有意而为”的就更少见了。孩子总是会自发地试图为父母或教育者开脱。然而，心理暴力直接、深刻而持久地影响了孩子，改变了他们的个性和心理结构。此外，《法国刑法典》还规定，“合法父母，无论是亲生父母还是养父母，在没有正当理由的情况下逃避其法律义务，以至严重损害其未成年子女的健康、安全、道德或教育的事实将受到惩罚。”

仅有这些法律条款仍然是不够的，在我看来，应该对一种特定的罪行进行思考，就像应该先对劳动法中精神骚扰的定性进行辩论和反思，然后再以更准确的方式立法一样。事实上，心理暴力常常缺乏证据，这使得遭受此类暴力影响的儿童和妇女所走的法律途径往往会变得令人沮丧和失去作用。正因如此，我们这些心理治疗师、陪护人员和专业援助人员，倾向于越来越少地鼓励受害者提起诉讼。在陪伴受害者的过程中，我曾多次痛苦地经历过这种情况，鼓励其中一个人上法庭，尽管这个受害者提出了一些证明和证词，但由于缺乏证据而一再被驳回，这种状况是具有摧毁性的。而比受害者遭受的心理暴力更具摧毁性的是，这类暴力在某种程度上因免诉判决而变得合法。

专业治疗师安妮–洛尔·布菲（Anne-Laure Buffet）解释说："大部分心理暴力的儿童受害者仍困在这些暴力得以实施的封闭的家庭环境中，他们常常在家庭环境中遭遇不信任，甚至漠视，有时在学校环境中也有同样的遭遇。"儿童保护机构的干预和专业人士或某位更为明智的家庭成员对儿童的支持可能会是亡羊补牢。在此期间，虐待行为反复出现，孩子对家庭单位以外的成年人的信任度降低，从而导致行为障碍、过度警觉、儿童抑郁症、自信和自尊的缺乏，以及失眠、注意力不集中、烦躁不安等问题，或者相反，会出现强烈的抑制（被错误地阐释为"乖巧"）。

我们对于这一点再怎么强调都不为过：一个太乖的孩子，也就是说一个从不表达任何需求、对所有指令都毫无怨言地服从，并且从不表达任何异议的孩子，不是个健康的孩子。相反，这是一个默认为任何与成人的需求和欲望相反或不同的个人表达都会立即被压制，甚至被羞辱的孩子，其征兆数不胜数，但缺乏对这一问题的认知和识别能力导致他们反应迟缓，甚至根本没有反应。这些心理暴力往往只有在进行心理评估时才会被发现，而且只有在专家对这类暴力及其对年幼受害者的影响具有一定的敏感度时才会被发现。

克拉拉做了很多事情，为的是摆脱和父亲之间建立的痛苦关系，这一关系从精神虐待到限制性行为，处处充满暴力。这对她的身体产生了诸多痛苦的影响。她在讲述中对这些暴力进行了解读。

因为这种痛苦无法被看到，描述它也是非常痛苦的，所以当我说我很痛苦时，没人相信我。

但是，只要他在那里，我就无法不痛苦，无法不害怕。而当他再也不在那里了，我希望他会改变，他会很爱我，他会更好地爱我，他会爱原本的我。

我脑中最顽固的执念，就是我曾一直梦想着和他一起去做的事情。我希望看到一个通人性的他，抚摸着我的头说："你呀，你累了。"我希望我的父亲能让我窥见他的脆弱，并告诉我脆弱是正常的。相反，他把他的缺点施加在我身上。他用我如此真切的情感去填补他内心的空虚。

小时候的我察觉到他有一种吞噬灵魂的魅力：他立即就能知道我的伤痛在哪里，而且知道如何宽慰我。我就像一个等待判决的被告一样追随着他的目光。他会来宽慰我吗？他会来伤害我吗？在给病人看病的间隙，他过来坐在我旁边，我很高兴他抽出时间来看我。然后，他把手放在我的臀部，开始抚摸我。我胆怯地告诉他："我觉得你不该这么做，爸爸。"他反驳道："别说了，我知道你喜欢这样。"自那以后，在我成年后的生活中，我常常因为害怕被拒绝而不敢反抗。我任由自己被亲吻，却无法说出我不想要。我经常为此哭泣。我感觉自己被虐待，感觉自己有罪。很长一段时间，我都觉得自己很粗俗；很长一段时间，我都把自己的身体藏在跑步服（我最喜欢的海滩装束）里；很长一段时间，我不允许自己接触任何欲望和任何形式的爱。

当我还是个孩子，有一天他在主持一个治疗小组时给我打来电话。我三步并作两步地冲下楼梯，看见一群围坐在父亲周围的人正看着我。我父亲在正中间，他让我走上前去。"张开你的嘴巴，克拉拉。"他命令我道。我转向这群人，张开嘴巴，尽可能地张大。房间里的病人都笑了起来，并看着让我离开的父亲。那一刻，我很自豪，我觉得父亲也为我感到自豪，因为我有一张大嘴巴。后来，我从他的同事那里得知，他说我长了一张"吹箫的嘴"。

12岁那年，我和他一起在突尼斯，还有我众多后妈中的一个，就在那个时候他选择让我节食。目标：两周内减掉五公斤。我因此不再被允许吃我喜欢吃的东西，只能吃沙拉和一块一块的柚子。我们每天都去餐厅，看着他们享受突尼斯的美味佳肴时，我却只能对着自己面前的沙拉在心里哭泣。

之后，他会时不时建议我改变自己外貌的某一部分。

“她就是个笑话”，这就是当时他对我的一位后妈大声说我的话。我以为好笑是一种优点，但我意识到，我是我父亲的玩物。当我向他倾诉痛苦的事情并为此哭泣时，他跟我说“你很会哗众取宠”。他还会言之凿凿地说我不是他的女儿，我母亲对他不忠；说他会让我去做亲子鉴定好验证这一点，而且无视科学依据，始终坚持己见。

他会预言我将碰到的问题，说我会得阑尾炎、糖尿病，会孤独终老……有时候还会在家庭聚会上说我比我姐姐漂亮，有时候又会说我不如姐姐。

他没变过。他继续忽冷忽热、反复无常，但我已经感觉不到冷热了。我们的关系很简单——基本没关系。我不喜欢见到他，因为我不想让他再拿走我的一丝一毫。我不再感到愤怒，也不再寻求他的关注。我知道我的超敏反应是他对我最困惑的地方，因为他不理解。

我现在要做的，就是尝试去爱自己，去了解自己的身体。我觉得我很幸运，曾被其他人深深地爱着。我很幸运，在我能够相信自己之前，其他人就已经相信我了。我很幸运，能够体验到善意、感受到对自己和对他人的善意。我很幸运，能够看到生活可以是什么样子，看到从我们伤痛的低谷中走出来可以拥有怎样的生活。

在这种粘在我们皮肤上的黏腻物取代我们的皮肤之前把它揭掉，我们才能成为自己，而我们做出的选择也才是真正属于我们的选择。我选择收回对自己的权利，这种权利就是为自己而行动。这就是我们行动的巨大力量。

更广泛地说，心理虐待通常是一种整体氛围，这种氛围的基本要素是缺乏父母一方（或双方）给予的爱，任由孩子在既无引导也无控制的情况下埋首自己的事情，或是通过要求孩子“别让人操心”来让孩子在所有的行动中都受到限制，或是更糟，一种以贬低性话语为标志的教育关系：“你臭死了。”“站直了，你看你像什么样子！”“哎哟喂，你看见你的指甲（头发、衣服……）什么样了吗？”“你脏死了。”“你让我恶心。”“你又把东西打翻了！”“你怎么那么笨（害羞、蠢……）！”

造成恐惧的言语或非言语的羞辱，会导致愧疚、羞耻和孤立，无论这三个特征如何表达（极端抑制或反叛过度活跃）出来。

自卫的第1个要诀：重读你的故事

意识到并谈论童年的经历是保护自己的唯一途径。在意识到并表达出来的过程中寻求他人的陪伴，以便每次产生疑虑时你都会记起这一意识。否则的话，你就有可能让心理暴力再次发生。

我讲了我经历过的心理暴力。我明白了它们为什么会是暴力，以及它们如今的影响。我还明白了这些症状与个人失败无关，也不是因为我不够努力，而是与童年有关的情绪和认知变化所导致的结果，而且我现在可以解决这些问题了。

在谈及遭受心理虐待的儿童时，“看不见的受害者”这个说法有时是恰如其分的。有一些迹象能够表明这种虐待行为的存在，我们必须学会发现这些迹象，特别是如果你和低龄幼童一起工作的话，比如退缩、高度抑制、攻击性、不安、注意力难以集中、睡眠困难、饮食困难、高度焦虑、恐惧的态度、与年龄不符的成熟、学习成绩差、依赖性、冒险（对此没有意识）和不稳定。

从系统之外去看，针对儿童的心理暴力很难被识别，这主要有两个原因：它们总是发生在家族秘密的封闭环境中，且由于相随而来的矛盾气氛可以被当作一种“严厉”但“有爱”的教养方式，就像克洛伊的父亲那样[1]。因此，实施心理虐待的家长常常深信自己是爱孩子的，认为自己所做的一切都是出于爱。家长的否认系统构建得如此牢固，以至于他/她能够让孩子甚至整个家庭和他/她一起进入一种不健康、捏造的场景中。由于社会期望他/她去爱自己的孩子，而没有人设想有些父母对孩子来说是有毒的，可能会伤害孩子，所以否认的传染性往往很强，造成的冲击波也很大。老师、祖父母、家族好友，没人想看到或谴责不可想象之事。

无论是否出于自愿，很不幸，一些母亲的确无法为自己的孩子提供自我发展所需的一切。治疗师安妮-洛尔·布菲在她的专著《伤人的母亲》[2]的第一部分回顾了造成这种有毒关系的不同类型的行为：渴望完美、不成熟、自恋、占有、虐待、遗弃等。“事实上，在这种关系中，孩子被工具化。这种关系及其所有的信息都是伪造的，日

1 详见第53页。

2 安妮-洛尔·布菲（Buffet Anne-Laure），《伤人的母亲》（*Les mères qui blessent*），Eyrolles出版社，巴黎，2018年。

常生活被模糊化或改变。面对一个伺候在旁、准备竭尽所能实施控制的母亲，孩子自性化几乎是不可能的。”

和其他人一样，孩子也是个人

“软暴力”这个说法源自教育科学作家克里斯蒂娜·舒尔（Christine Schuhl）关于机构如何接待和照顾儿童的研究，如今已成为一个被广泛纳入近年来有关善待、父母职责和机构接待幼儿的研究中的概念。软暴力可能存在于育儿实践中，也可能存在于广义的教育实践中，而成人并没有意识到对儿童施加了一种形式非常隐蔽的虐待行为。关系暴力被成人忽视，儿童因此受到伤害且不知为何受伤，这正是软暴力的特征。孩子遭受软暴力，成人导致孩子遭受软暴力，但关系中的这两者大部分时间都没有意识到这一点。孩子可能会有轻微的不适感，但这种感觉很快就会被日常的种种急迫或琐事（洗澡、吃饭等）所掩盖。因此，软暴力体现在成人—儿童关系的核心之处，在此提及它们非常重要，原因有二：其一，软暴力象征着什么是心理暴力；其二，软暴力构成了使得自尊遭到持久伤害的关系之基础，“并让一个人放弃被尊重的权利，对他人的暴力行为置之不理”。

这些软暴力主要出现在幼儿的父母或专业护理人员

对自己与幼儿的关系不再具有完全意识的短暂时刻。父母或专业人员的存在质量非常低，与孩子的关系因此受到很大影响。最常见就是一些成年人一边给孩子换尿布、擤鼻子或喂蛋糕，一边却目光望向别处，继续和另一个成年人聊天或盯住自己手机的情景。软暴力在同一时间说“你存在”和“你不存在”；它说“我在照顾你”，因此不能受到质疑，但它还说“我有更有意思的事情要做”“我没有完全意识到你的存在”“你不值得我全神贯注去倾听”，而这一切都藏在存在和关怀的面具之下，这就使得软暴力变得自相矛盾，也因而变得更加暴力，因为它让人失去了所有的参照，无法清楚地指出伤害在哪里。这就是为什么，虽然这种做法构成了典型的心理暴力，但却很难被揭露或被定罪。更重要的是，软暴力往往针对的是脆弱、敏感、易受伤害的人群，比如，只是因为他年龄小或自主程度低。

这也可能使那些成年人陷入某个判断、某种先验、某个标签中，或是做出某个唐突之举，虽然中途停止了，但却表明了可能到来的威胁：夺走孩子心爱的玩具、奶嘴或其他能够带给孩子安全感的物品；当着孩子的面批评父母中的其中一位（“你爸那个蠢货”），或是父母双方（“我不知道你怎么能忍受你的父母”）；对孩子进行负面评判，强调孩子的缺点并嗤之以鼻，有时候还当着别人的面用第三人称对孩子评头论足（“你瞧瞧，他又跟我这么干了……”）；禁止或阻止孩子表达某种情绪（即便语气温和）——就因为成年人对这种感觉感到不自在（“我不喜欢你难过”）；催促孩子（你着急孩子是知道的）：如果孩子没有加快动作，是因为他无法再快，因为他对自己的运动机能信心有限（有充分的理由），所以你越是催他，他就越慢（以免犯错或让自己身处险境）；对孩子进行比较，让拒绝参加某个活动的孩子感到愧疚；要挟孩子，指责孩子脆弱或病恹恹（“又是胃病！”）；在毫无征兆的情况下对孩子做出某个动作，或是从背后评论孩子的某个身体部位（“你的耳朵真的很奇怪”或“你走路、写字、睡觉、笑起来……的样子很搞笑”，等等）。

如果你把这些行为转移到成人的语境中，你就很容易理解这些评论对于那些被评论的对象来说是多么令人难以忍受。但是，你们中的许多人很可能在童年时都经历过这些情境。

这些话语、这些举动，完全没有教育意义。它们不允许孩子作出反应，并让他逐渐放弃了对得到认可的所有期待：孩子本真的模样无法被看到和认可。另外，软暴力是一个陷阱，因为它与一种效率感如影随形。的确，软暴力可以让人加快行动的速度、掌控形势、更快地获得有效的结果。对话的另一方无法抱怨，因为他被置于无法或不能作出反应的境地。

娜塔莎的亲身经历

娜塔莎现在是一名演员和作家。她的写作灵感大部分来自她对小时候所遭受暴力的深刻理解。所有这些不为他人所见的暴力，这些发生在她家中隐秘之处的暴力，孕育了她强大的韧性和理智。

我母亲是个怪物。我很早就明白了这一点。我最初的记忆可以追溯到我3岁的时候，这些记忆总是对应着一种不理解、困惑和不安全的感觉。我很快就明白她在伤害我，我必须去适应才能生存，而我将会孤立无援地去完成这个任务。

她常常批评我，对我不管不顾，不听我说话，此外，还对我实施精神骚扰，夜里让我不得安宁，威胁我，让我陷入困惑，甚至对我隐瞒事实，就为了控制全局。她几乎禁止我做任何事情，对我没有物质上的照顾，对我的情绪或者需求也不管不顾，把我当作成年人对待，让我置身险境，而且晚上留我一个人和我不认识的成年男性待在合租房里，或是想让我得厌食症……这样的例子还有很多。

她一再告诉我，只要她愿意，她分分钟就可以毁了我。我知道自己正在经历的事情不正常，但我习惯了，并在默默忍受着痛苦。有时候，我会在晚上把头埋在枕头下大哭：在无人注意的情况下哭泣已经成了我的专长。她偷走了我的童年。

我的感受如此真切，没有人能让我相信情况并非如此：我母亲不爱我。这个我在10岁时终于能够告诉自己它真实存在的事实让我感觉“良好”。我紧紧盯住唯一的目标：尽快离开，在我成年的第一天就离开。我在成年的九个月前离开了。事实不言而喻，一切都是有毒的，我觉得自己快要死了。

离开是我一生中做过的最好的决定。尽管在这次决裂期间和之后我都倍感痛苦，因为她抛弃了我。但这道伤口，我终于可以把它攥在手里，看着它，了解它，安抚它并接受它。今天，我可以眼睛都不眨地说，我把我母亲的死看作是一种解脱。

她除了心怀恶意没有别的。但是，我成为现在的我，反而要“感谢”她。她想毁了我，却反而救了我，虽然不是有意为之。但她在无意中给了我摆脱困境的钥匙（遇到正确的人、职业的选择……），这听起来很疯狂。

经历所有这些可怕的事情是否值得？过去的已经过去。

我爱我现在的生活，但我还是忍不住会问自己这个问题。

在心理暴力更为广泛的背景下，软暴力源于施暴者的这样一种信念：我知道什么对另一方是好的。然而，除了你自己，没人知道什么是对你好的。无论如何，谁都不应该在没有向你解释、提议并征得你同意的情况下强加给你任何东西。这种信念让心理暴力的施暴者不需要审视自己、审视他与你的关系、审视你对他的爱。而这恰恰是受害者试图在心理暴力中所要避免的：它让所有的质疑静默无声，好让施暴者永远不会觉得他可能不配得到你的爱，或根本不值得被你爱。施暴者对此非常恐惧，但是无意识地，他的攻击目的不是被质疑，而是创造一种需要。对他的存在和支持的迫切需要，因为他比你更知道什么是好的，而且他是“爱”你的。

> 连通器的关系方法
>
> 心理暴力的施暴者，其最终目的是利用他人，通常是为了修复被贬损的身份或赋予自己价值；其手段是通过羞辱或贬低他人的身份来达到这一目的。

> 诉诸心理暴力还可以使施暴者接触到自己的伤痛、痛苦记忆，或更普遍地说，自己封闭的内心世界。因此，施暴者会不自觉地试图去征服、支配或奴役，以隐蔽的方式把自己的控制强加于人。
>
> 就好像施暴者不认为关系是一种交流或分享，而是连通器。
>
> 可以概括施暴者想法的隐含思路是："如果我什么都不是，你就什么都是；如果你什么都不是，我就什么都是。"他无法设想一种平等或为彼此的成功和进步感到高兴的双赢关系。如果你往前走了，他会感到委屈，甚至是被践踏，他毫不在乎你的不知所措、你的痛苦，而且也不会尝试去考虑随之而来的痛苦。

事实上，心理暴力最常来自自恋性伤害。这不一定意味着施暴者是个变态，但他很可能害怕自己毫无价值，而这种恐惧是非理性和强迫性的。他所有的努力，他的态度，都是为了抵御这种恐惧。这就促使他去控制周围的一切，特别是任何给予他象征性价值的人（孩子、配偶、伴侣）或向他表示爱意及尊敬的人（包括专业人士）。施暴者按照所谓的连通器方式运转：他觉得有必要让你觉得你什么都不是，或是“低人一等”，因为在这种情况下，他就可以比你“高一等”，或者无论如何对你都是非常重要的，这让他有了价值。事实上，在缺乏同理心时，只有两种方法可以满足人获得认可的需要：拔高自己和/或贬低他人。通常，为了确保获得这一结果，这两种做法都会出现。在这种情况下，当事人都会创造出暴力关系，因此也就在关系中形成了一种不平等。在每次交锋中都必然会有一个输家和一个赢家，这可能不符合你对与某人关系的设想，更不用说爱了。

幻想的终结

精神分析学家艾丽斯·米勒（Alice Miller）在她的重要著作《天才儿童的悲剧》[1]一书中指出，“所有人的生活都充满幻想，或许是因为真相往往让我们无法忍受”。我绝不是想要粗暴地从你那里夺走这些幻想，而是想要让你明白为什么你创造并采用了这些幻想，以及为什么这些幻想对你来说是不可或缺的。之后，你会明白这些幻想有时候是如何让你置身于危险之中的。因为不惜一切想让一个人成为他

1　艾丽斯·米勒，《天才儿童的悲剧》（*Le Drame de l'enfant doué*），Puf出版社，巴黎，1994年（2012年再版）。

希望的样子（善良、有爱心、体贴），但他的一些行为却是有毒的，这会不可避免地将你置于危险之中。

心理学所说的幻想和日常语言所说的幻想不是一回事。幻想是参与一个我们无意识构建的想象世界，而这个想象世界不符合现实，甚至也不符合已被证明的普遍规律。幻想总是来自对现实的部分或全盘否认，来自我们的现实并非如此的意愿。很多孩子，也许你是其中一个，被迫创造出幻想才能坚持下去。

“妈妈没有那么坏，她很累，她工作很忙。因为妈妈不可能是坏的，她很好。”“我丈夫是爱我的，否则他就不会娶我。因为没人会跟一个自己不爱的人结婚，还把自己的命运系于那个人的身上。”这些句子告诉了你特定结论（无论是对是错）背后的普遍错觉。在心理治疗中，我们可以质疑导致结论的幻想（我们通常称之为“信念”）。当你独自思考幻想时，你几乎不可能去质疑它：它会让你重新考虑很多事情，而这些发现的情绪影响可能会让你非常痛苦，以至于往往只能在被你信任并无条件支持你的治疗师的协助下，或是在以最谨慎的方式进行的正念实践（比如把你的故事和情绪写下来，或是一些针对我们的故事在身体上留下的情感印记的治疗法）的帮助下，你才能完成这些发现（玛丽露关于她和她姐姐的亲身经历，见第166页，很好地说明了我们的幻想如何能够让我们任由一种让人无法忍受的痛苦情境一直持续。）。

我们的幻想对我们来说常常是必不可少的，以至于我们有时甚至会出现严重的疾病或脆弱的健康状况（激素、皮肤、呼吸、睡眠或饮食问题，不会完全丧失能力，但会让我们变得过度敏感，让身心系统疲惫不堪，并导致一种整体虚弱的感觉）。这些幻想有时很难和我们的情感状况联系起来。

拒绝质疑这些幻想就是在故意无视你所害怕和逃避的那些真实但已无处不在的危险。你常常试图忘记的是，让你成为一个完整的人的那一部分没有得到尊重。你不得不讨价还价、装模作样，成了一个买卖爱的商贩。为了得到爱，你想方设法获得让你感到舒服的东西，以不完善或不完全的方式包扎起父母最常见行为造成的部分伤口，从而无视了伤害你的东西。不幸的是，这种否认的策略曾让这名家长（或许现在依然如此）得以无休止地重复这些让人痛苦的行为，因为每当某个适时的情感行为平复了你的情绪，你就会放松警惕。艾丽斯·米勒指出："在这种频繁出现的情境中，原初的悲剧已经被如此完美地内化，以至于'美好童年'的幻想得以被拯救。"

这些幻想第一个，也是最常见的一个，和这个世界的善意有关。尽管很多人都认为我们的世界并不完美，但我们通常还是会倾向于去相信这个世界对我们是（或应该是）宽容的。接着，发生了某个与这一信念相悖的事件：你遭到侵犯或遭遇暴力。我的第一位心理治疗师曾说："我对这个世界的暴力不会再感到意外，我等着它的到来。"这种让人猝不及防却醍醐灌顶的方式让我意识到，只要我还抱有恶意、残酷和暴力，我就只能一直失望地度过一生！我们必须慢慢地接受这个事实，也就是这些态度是生活的一部分，所以才会被我们碰到：在不陷入偏执的情况下，你不会再受到这些态度的全面冲击。

第二大幻想基于这样一种观念，即认为发生在我们身上的事情、我们所做的事情和其他人所做的事情都必然具有意义。每个人都有一种无意识的信念，认为生活是按照既定的和可以理解的规则展开的。这就是为什么我们会觉得发生的事情必须是合理的，因此，以某种方式行事必然会导致某些后果。

第三个幻想和我们自己的价值有关。每个人都或多或少地相信自己是个好人，相信自己可能吉星高照。因此，当我们经历创伤时，创伤就会迎头痛击，而我们就会得出结论：我们没有价值，没有任何东西可以保护我们——这也并非现实。于是，我们就会陷入彻底而令人焦虑的孤独感和绝望感之中。

我们的幻想让我们对这个世界的暴力变得异常敏感，因为这些幻想的持续存在使我们免于承认有些人是可能对我们暴力相向的，是在疯狂的或非理性的和破坏性目标的驱使下心术不正、满怀恶意的。只要我们拒绝，就不会遇到这种可能性，我们就会像婴儿一样，觉得蒙上眼睛自己就消失了：这种对现实的无知会带来反复的痛苦。

因此，你必须把你的价值观和幻想剥离开来。你的价值观将会引导你走上自我实现的道路，重要的是你不要放弃这些价值观，也不要放弃你的理想，因为价值观是衡量成功的主要标准。你的幻想让你相信世界可能与现实不同，这只会让你在前进的道路上慢下来，意料之外造成的手足无措会迫使你停下来，然后重整旗鼓再次出发。如果你准备好面对已经到来或可能到来的事情，你就不会（或更少地）让自己在追求目标的过程中被打断。而你所有的精力和能力就都可以用于创造。

整合这些机制是至关重要的，因为这些机制是所有重复性心理暴力经历的根源。

自卫的第2个要诀：不要再幻想！

如果你花时间思考一下我们刚才介绍的三大幻想，你能否确定自己是否已经把它们变成了自己的幻想，以及你认为自己可能会在什么时候向它们求助？我为你提供了以下几个问题，以供指引。

- 你认为人们应该想要或喜欢表达善意吗？在什么情况下，会让你受到惩罚？在什么情况下，会让你不再相信善意，并承认人们可以选择对你刻薄？这对他们来说是否可能是一种防御机制的有效选择？
- 你是否认为他人的决定、生活选择、个人和职业价值应该具有某种意义？在什么情况下，会让你受到惩罚？在什么情况下，会让你不再相信（分手、被解雇、对你的态度不公等）？
- 你是否认为，即使是无意识地，你也是被保护的，因为你是一个“美好的人”？那些严重的事件只会发生在别人身上，特别是那些因为不良行为而“活该如此”的人？在什么情况下，会让你受到惩罚？在什么情况下，会让你不再相信？

以有效的模式为参照

每个孩子都有一种与生俱来的需求，那就是自己真正地受到重视和尊重，还有自己的感受、感觉、情绪及其表达，无论它们在父母看来是否合理、恰当（恰恰在否定的情况下，关怀式教育就应该介入了，它与很多人当作“教育”所经历的情绪矫正和感觉格式化毫无关系）。如果孩子生活在一种感觉受到尊重的氛围中，那么他就能够在分离阶段平稳地走向自主。

要想能提供健康发展的条件，父母自己就得在这样的氛围中长大，即使这一氛围并不完美（就像所有的教育环境一样，因为教育环境是由人提供的，而人在本质上就是不完美的存在）：他们自己的父母会把一个安全的基础传递给他们，使他们能够对自己和他人建立起一种自信。事实上，不像教育那样如此依赖典范的领域很少。要对一个人的教育模式提出疑问却无法观察到另一种可以对此人之教育模式提出疑问的模式，是非常困难的。

这并不意味着如果你的父母有问题，你就注定会把同样的教育传递给你自己的孩子；但这确实意味着，如果你的父母有问题，你就必须观察那些采取不同教育方式的人，特别是你希望像他们那样教育孩子的人。

在这方面，只是简单地对自己说“你永远不会像你父母那样”是不够的。你必须做出决定，并与你的伴侣进行商讨（如果你们一起抚养孩子，或是你们分享抚养权），以确保你们事先就这一点达成一致，并以那些尊重孩子的教养者为榜样。

自卫的第3个要诀：提供一种关怀式的没有暴力的教育

- 询问你的伴侣是否愿意就其自己的过往和你们的孩子（们）一起应对这个问题。
- 观察姨妈、叔叔、朋友、老师等人的家庭所采取的其他类型的教育方式——不同于你接受的教育。记下他们的做法中你喜欢的部分、你认为真正做到了关怀和尊重孩子的部分。
- 决定实行一种无暴力教育，并和你的孩子（们）讨论这个问题，允许他们在感觉不舒服或被暴力相向的时候告诉你。你不一定会赞同他们的感受，但你必须明确地允许他们在你的态度伤害到他们时告诉你。

为什么你会重复那些对你伤害至深的行为？因为当你目睹这些行为时还是个孩子……孩子是情绪的雷达，是感官的海绵，他渴望传递，无论何种形式的传递。孩子渴望学习，他的整个身体和头脑都为此编制了强大的程序，因为这是所有神经、生理、运动、情感和感官功能的基础，这些功能让我们能够生存、进化并获得自主性。这是一个对一切学习来说都特别有利的人生阶段。然而，教育是我们最初的学习，当我们还是个孩子的时候，教育就存在于我们生活的所有环境中：在学校、在家里或在课外活动中，孩子最常由一名成年人陪伴，这个成年人向他解释如何行事、演变和思考。除非这名成年人对自己的教育模式产生了疑问（这种情况时有发生），他就会告诉孩子什么是恰当的或适当的，什么不是。于是，到了成年时，孩子就会完全被格式化，从而开始复制……要对自己和他人有很多的共情、温柔和爱，才能避免落入这个陷阱。

“请求孩子的原谅”

洛朗斯·迪戴克（Laurence Dudek），教育心理学家

想要原谅，必须首先在感受到的痛苦中得到认可。如果那些伤害过你的人否认你的痛苦，说你夸大其词，说“没那么糟糕”，或者说你是“活该”或“自找的”，又或者对此嗤之以鼻、表示想不起来了，并且说“我也是，我也受过打击”“没人因为这个死了啊”“这教会了你去生活”……那么，痛苦就会继续啃噬你。每当生活中的某种情况让你回想起这些遭受过的暴力所产生的影响时，痛苦

就会找上门来，而你感受到的所有的爱都会受到影响：对伤害你的人的爱、对其他人的爱、对你自己的爱，还有生命的价值和幸福的滋味。

这就是为什么，我想请那些对自己孩子有过打击行为（推、掐、在耳边吼叫、扯头发、不准说话、不准去游乐场所、惩罚等行为）的家长，无论当时处于何种情境，无论出于什么动机，无论以何种强度和频率，哪怕只有一次或是意外发生的，都要勇于承认自己伤害了孩子，并请求孩子的原谅。

（摘自2017年10月在巴黎举行的一次研讨会）

“生命之债”：孩子不欠任何人

除了这些基本事实之外，还有一种力量就是忠诚。事实上，每个孩子都在不惜一切代价地想要忠于自己的父母。这种反射性行为背后的主要驱动力就是“生命之债”的观念，很多理论学家和治疗师至今仍对这一在心理上具有争议的观念相持不下。

有些人认为生命之债具有合理性，是一种不可或缺的社会基础，让一个群体能够承认对自己的父母心怀敬意和善意。这些人在所有的父母身上都看到一种基本的善意，那就是以某种个人“牺牲”换取孩子的生存和发展。这一理论假设，如果孩子能够长大成人，那是因为其父母是足够好的父母，为其提供了不会死亡的种种条件（资金、照顾、教育、关系）。父母通过放弃各种自由或更有价值的选择、为孩子的福祉耗费自己的精力和财力，使得自己的后代得以继续存活，这种牺牲促成了一种合理的债。当然，我不仅对这一心理学理论持有异议，而且觉得它特别危险。我认为它为无数的心理暴力提供了基础、理由、合法性甚至鼓励。这就是为什么我要在此明确地表达自己的反对立场。

我的推论是相反的：我认为世界上没有一个孩子对赋予他生命之人有任何的亏欠。首先是因为，在大多数情况下，而且是在越来越多的情况下，借助避孕手段，成年人可以对生孩子作出自愿的、有意识的和知情的选择（尽管他们有权对把一个人带到世间的想法感到些许担忧）。即便情况并非如此，我认为可能存在某种形式的无意识的欲望，使得怀胎十月的女性和/或参与受孕的男性实现生育。而即使是在妊娠频繁发生的情况下，特别是在强奸后否认怀孕的情况下（比如为了避免心理创伤的影响），我也拒绝认为一个孩子需将自己的生命和生存归功于另一个人。因为如果说这个成年人除了迎接孩子的到来已别无选择，那么这个孩子除了在这种情况下降临人世他更别无选择。如果有人是全然无辜地并任由这个世界的暴力摆布，那一定是孩子，而不是成年人。成年人拥有更多资源捍卫自己。

克洛伊的亲身经历

克洛伊是一位出色的年轻企业家，她的童年充斥着父亲——一名高级公务员的心理暴力，有时还有身体暴力。她带着一种强烈的意识清醒地描述了让自己深受其害的那些看似具有教育意义但实际上极具破坏性的机制。

我非常清楚地记得这句话："你看看你让我变成什么样子了。"这可能毫无缘由，又或者因为很多事情——在饭桌上手肘放错了地方或是考了糟糕的分数……我当时未曾真正知道他什么时候会发作。

在殴打和暴力的话语之后，总会有这句愧疚的话，意思是所有的一切都不是他的错，而全部是我的错，我是一个没能达到这个伟大男人期望的不听话的女孩。而且他自己也这么说过："我做了什么要遭受这个？你这个什么都不缺的人。"

有一天，他甚至送我去看了心理医生，好让我"不再撒谎成性"，好让我"停止伤害他们"。是因为我，因为我不听话的行为，才让他受苦的，所以让人忧心的是我的谎话（就只是为了保护我自己？）。

有时候，发作之后，他会强行给我一个拥抱，并解释说“我做了蠢事”，还说他不知道“该拿我怎么办”，他想要把我抱在怀里，因为他爱我。

我很幸运地在生命中认识了两个充满善意有爱心的人，他们让我知道了什么是爱。他们还告诉我，一边拥抱自己的孩子，一边解释说发作完全不是他的错，我在一种强烈善意的冲动下原谅了他，这并不是爱。

我意识到我很快就对这个我不得不叫他爸爸的男人产生了厌恶，因为我看清了他的把戏，我明白他永远都不会改变，我不是真正的问题所在，他只是没有能力和任何人建立健康和正常的关系。按照我母亲的说法，我得“原谅他，因为他抑郁”：我从来都没相信过这种说法，因为他总是伤害别人，但从来不伤害自己。

“我是因为你的所作所为才伤害你的。”说这种话的人没有任何借口可寻，他们都是骗子。任何借口、任何言语都不该成为暴力行为或暴力言语的缘由，对于那些本应爱你的人来说就更不应该了。

“生命之债”的观念是有害的，因为它让众人皆知的“这是为了你好”这一说辞得以成立，它意味着一个除我们以外的人（即便我们还是小孩子），比我们更了解我们需要什么，因为这个人爱我们，还是因为这个人给了我们生命？我打心底认为生命是一种馈赠，一份完全免费的礼物，一份让人受之无愧的礼物，因为这个人的自由受到了尊重。生命只应被当作它本身来尊重，在渴望孩子的情况下更应该如此。

这份礼物被包裹在一种无条件之爱的形式中是弥足珍贵的，这种爱与债的观念是完全不相容的。只有这种无条件的爱才能让两人在尊重和自由的联结中建立关系，从而让关系中的每一方都获得发展和自我实现。

自卫的第4个要诀：给予和接受无条件的爱

以下是我给你的关于如何表达无条件的爱的建议：

无论你是什么样子，无论你和我、你的方式和我的方式有多么不同，

无论你做什么决定，

无论你做什么选择，

无论你有什么喜好，

无论你的生活节奏和作息如何，

无论你有什么反应，

无论你有什么情绪，

无论你选择以什么方式体验事物，

无论你有什么信仰，

无论你会采取什么行动，

无论你会选择给予我什么样的情感和你表达情感的方式，

我都爱你。

我不一定会赞同所有的事情，我们会有分歧，我有时会感到被冒犯，有时会因你的一些反应或决定而感到痛苦，但我会对你感同身受，并会以明确和慷慨的方式对你表达无条件和无限制的爱与信任，因为我已经决定这样去做，而且我不期望从你那里得到任何回报。

我会负责克服自己的障碍和困难，并让自己对你的这种无条件的爱发展和壮大起来。

请你花点时间去理解这些话，问问自己，它们和你收到的明确或无意识的信息有什么不同；它们和你传递给孩子的明确或无意识的信息有什么不同。你还可练习对自己说这些话。

人人都需要爱

每个孩子都需要被爱。首要原因是为了生存，因为孩子完全依赖亲人及其必须为他提供的照顾，这也是为了孩子的心理发展，因为每个人都需要关系才能生存。因此，被爱是一种基本需求。这就是为什么，当一个人被反复剥夺得太多或太久时，就会形成依恋障碍，并最终导致不同形式的情感依赖。

此外，我们都对意义有着一种必不可少的需求。奥地利精神病学家和作家维克多·弗兰克（Viktor Frank）是这一人类基本真理的伟大理论家，他在维也纳奠定了这一真实性的基础，随后将其命名为“意义治疗”，并展示了人类如何体验一种理解自己的经历并赋予其意义的基本需求。对他而言，“爱的因素对主体保持生命力起到了决定性的作用”。在被带到奥斯维辛集中营时，他那些包含了这一理论主线的手稿都被没收，重见家人和继续研究的渴望才让他坚持了下来。就这样，他在人间炼狱的腹地证实了赋予生命以意义对于每个人的重要性。他写道：“面对荒谬，最脆弱的人也发展出了一种内心生活，这种生活留给他们一方保有希望和追问意义的天地。”

在美国心理学家亚伯拉罕·马斯洛（Abraham Maslow）看来，基本需求是人类的动力之源，它们决定了人类的欲望和冲动：“正如树木需要阳光、水分和养料，大多数人需要爱、安全感，以及只有外界才能提供的其他基本需求。”他所说的“爱的需求”或“归属的需求”实际上是一种对真实的接触、有质量的关系的需求。这就是，为什么一个蹒跚学步的幼儿会远离太过矫揉造作之人，因为幼儿会觉得这个人的个性是造作的而非真诚的。

这种需求以被接纳的深层需求为基础，并与之融合。而在心理暴力中被粗暴对待的正是后者。每当你意识到，你所爱或尊敬的，并且理应反过来也爱你的那个人并没有全然真正地接受那个本真的你，你就会感到受伤。当你爱一个人而这个人说他也爱你的时候，你的基本需求是这个人能够看见你、重视你的一切、体验到感恩之情，甚至是通过看到你是谁而体验到某种形式的幸福。

诺埃米的亲身经历

诺埃米的童年在成人参照对象方面存在一定的缺憾：因为只得到了母亲当时的情人和生父的承认，她花了很长时间才识别出暗含其中的众多参照缺失所带来的后果，以及她不该承受的情感负担。

我或多或少带些懵懂地知道，我的家庭并不正常。我母亲当时已经跟我父亲分居，但父亲很长时间以来都执拗地拒绝离婚。养母在我出生时没有承认我，所以我是被一个陌生的母亲生下来的；但我的生父承认了我，于是我就用了我母亲情人的姓。这对于我母亲的情人来说还是头一回，因为他在我之前已经有了几个孩子，但从来没有承认过他们……我因这种不安全的气氛而饱受痛苦。

我母亲是个非常非常专断的人。她喜欢我对她言听计从。我记得她曾威胁我说："如果你不这么做，我就不再爱你了！"我对此的体验就是暴力。我花了很多年才知道这叫有条件的爱。我在成年后无数次地验证了这一点：只要你和她的想法不一样，她就真的不再爱你了。

有一天，她用一种焦虑不安的语气对我倾诉说，家里的东西正在不翼而飞……我忽然看到当年还是个小女孩的自己，在面对这种倾诉时目瞪口呆，无力回应我的母亲，因为我觉得她很不幸、被东西不翼而飞搞得惶惶不安。事情的真相在多年后才被揭晓：我父亲在我出生之前和另一个女人生了孩子，而且偷了家里的东西（床单被罩、毯子什么的），为的是在物质上帮助那个女人，抚养那个他从未承认过的孩子。

我坚信，孩子不该参与成年人的问题，尤其是父母的婚姻问题。我觉得自己太过幼小，无法接受这些满是不安的倾诉。这对一个孩童的肩膀来说太过沉重了。所有这一切造成了一种不安的、充满猜疑的气氛……

父母之间经常爆发激烈的争吵，于是我父亲就会威胁要签离婚协议。我当时不知道那是什么意思。我母亲一言不发，因为如果离了婚，她对我就不享有任何权利了，因为她没有承认过我。来自我母亲和父亲的暴力一直铭刻在我的记忆中，现在回想起来仍很痛苦，因为他们本该保护我的，但他们并没有那样做。

回想起来，我意识到我父母当时被他们的自我、心理、婚姻和财务问题缠身，以至于没有能力抚养孩子。我这么说并不是要为他们开脱，因为在某些方面，他们是不可原谅的。我还意识到，我一生都在寻找这种儿时缺乏的安全感。比起爱情，我更渴望的是婚姻，这种我母亲从未得到过的安全感。我成了一名公务员，第一次公考就顺利入职了，我对自己的工作从来都没有过热情。我本可以参加其他考试，或是学其他我更喜欢的专业……我觉得自己的一生都在承受童年的负累，而且和心理学相见得太晚。

回顾一下你感到遭受了心理虐待的那些时刻，你会发现，这些时刻都无一例外地包含着对你的核心身份（身体特征、优点、缺点、才能、性别、信仰、个性、癖好、习惯、道理、深层渴求、欲望）的部分或全部的系统性否定。简单来说就是，一个爱你的人会看到并接受你本来的样子，这个人会希望你能获得自我实现、安全感和幸福，并相信你知道如何达成目标。这个人只会根据你的境况和你是否提出了要求来帮助你。这个人会给你做决定的全然责任和自由，即使这些决定可能带来让他难以接受的后果。

孩子需要依恋的对象，这个对象会给他提供一个安全基础。孤独，对于婴儿来说，构成了一种巨大的恐惧感，前几代的西方父母并没有很好地审视这种恐惧感，而是主动地任由婴儿哭泣，好让他学会独处，好让他不会养成坏习惯……但这是一种情绪知觉，强烈得如同坠入深渊，是一种无尽的、骇人的“感官隔绝”。

神经科学的进步已经告诉我们，在三周的感官隔绝之后，孩子会开始出现神经元萎缩（神经元的功能甚至规模性下降）。我们还知道，至少在8个月之前，婴儿还没有意识到自己的身体与母亲的身体不同。很难想象在这种情况下，婴儿如何能够学会以安全的方式独处……

话语对幼儿来说是一种情感内容，而不仅仅是一种交流手段。对于成年人而言，话语的情感内容和交流内容之间的比例更为平衡，但关系传递要比我们想象的重要得多。对婴儿说话，既是为了建立联结，也是为了塑造他的大脑。对婴儿来说，最严重的创伤就是感官隔绝：不跟他说话，不理会他，不跟他解释，或是跟他说话的时候不看他，对他的存在和他这个人没有真正的意识。

腓特烈二世和塞思·波拉克的实验

13世纪，霍亨索伦王朝的皇帝腓特烈二世（Frédéric II）希望探索语言的起源，于是禁止婴儿听到任何话语。他雇用了一些保姆，并严令这些保姆在婴儿面前一句话都不能说，以便找出那些没有学过任何语言的孩子会说哪种语言。据说，这些婴儿一字未说就死去了。

威斯康星大学的一个团队在2005年曾尝试研究大脑成熟和社交互动之间的联系，他们在美国一些孤儿院里发现了一种与那个骇人听闻的中世纪实验很相似的情况。塞思·波拉克（Seth Pollack），威斯康星大学的心理学教授，在2006年美国科学院的一份报告中证实了在婴儿出生后的头几个月里给予他们照顾如何改变被认为对调节社会行为至关重要的激素的分泌。威大团队的观察对象是一群18岁的孩子，这些孩子在平均年龄16个月的时候，在俄罗斯和罗马尼亚的机构里，被美国密尔沃基州的家庭收养了。在美国生活三年之后，一些孩子表现出通常与婴儿期情感照顾缺乏有关的行为（比如向陌生成人寻求安慰）。对于一个具有足够情感安全基础的孩子来说，这种做法是不安全的，但对于一个参照混乱且无法确定照顾他的人是否对他心怀善意的孩子来说，这种做法就很常见，有时还会成为他的救命稻草，这会促使孩子不断重复这一做法，尽管这么做会让他的基本安全感遭遇风险。

这种经历至关重要：它告诉你，当你缺乏高质量的关系时，你整个人，至少是你童年时缺乏关注和善意照顾的那一部分，会不顾一切地渴望去创造这种关系。你觉得是你自己还不够、无法好好照顾自己，因此你会倾向于和一个承诺会好好照顾你的陌生人一起生活，而不是独自生活，并置身于萦绕在你心中的死亡危险中。但是，正如我们会看到的那样，恰恰是反复曝露在心理暴力之下，才让你置身于死亡危险之中（尤其因为阴暗想法和自杀念头的频繁出现）。

如今我们都知道，在神经元层面，孩子6岁之前，被遗弃的感觉和被遗弃的现实一样严重，因为不成熟的大脑不会对两者加以区分。[1]幼年时被隔绝的孩子长大后会更加脆弱，并将一切都解读为潜在的攻击：惶惶不安、过度警觉、不断累积恐惧却不知道为什么恐惧。如果一个人在很小的时候就有了安全感，那么他就会把信息当作是一种探索的邀请，有时会感到一点压力，但这可以是“生活乐趣”[2]的一部分。

和孩子一样，你也需要爱，尤其需要感到被爱。这并不取决于你的年龄、性别或社会境况。这种需求深深刻在我们每个人心中，就像保有高质量的人际关系、感到自己被接纳，甚至被重视的需求一样。[3]对你施加心理暴力的人的机制在这一基本需求中找到了支持，特别是如果这一需求因你的情感依赖而得到加强的话。

心理暴力就这样乘虚而入：你需要爱，而你的伴侣一边假装爱你，一边做着伤害你的事（爱的反面），却辩解说这

---

1 洛朗斯·迪代克（Laurence Dudek），《关爱的父母，活泼的孩子，有效教育的十大关键因素》（*Parents bienveillants, enfants éveillés, les 10 clés de l'éducation efficace*），First Éditions出版社，巴黎，2017年，和卡特琳娜·盖冈（Catherine Gueguen），《拥有幸福的童年——关于大脑的最新发现引导我们重新思考教育》（*Pour une enfance heureuse. Repenser l'éducation à la lumière des dernières découvertes sur le cerveau*），Pocket出版社，巴黎，2015年。

2 鲍里斯·西吕尔尼克（Boris Cyrulnik），《在深渊边缘谈谈爱》（*Parler d'amour au bord du gouffre*），Odile Jacob出版社，巴黎，2004年。

3 亚伯拉罕·马斯洛，《动机与人格》法文版（*Devenir le meilleur de soi-même. Besoins fondamentaux, motivation et personnalité*），Eyrolles出版社，巴黎，2013年再版。

么做正是出于对你的爱……了解这种机制至关重要。你必须相信：没有人会因为爱去伤害他人。而爱和恐惧是两个完全不相容的心理元素。你遭受虐待的关键之处就在这个悖论之中。如果你抓不住这个关键，你就放弃了获得自由和建立新的、自主和充实关系的可能性，而这些关系才是真正对你有益的。

自卫的第5个要诀：不要和暴力讨价还价

你能列出施暴者为其心理暴力行为辩护的理由吗？好好看看这些理由。你觉得它们合理吗？

如果你看不出它们有什么不合理的，那么想想一个你深爱的人：你是否能够以同样的理由向这个人证明这些行为中的某一些是合理的呢？

你必须学会认识到，没有任何理由可以为心理暴力辩白。我经常说，不要和暴力讨价还价，正如不要和恐怖主义讨价还价一样，对我而言，两者具有相同的动机：想通过一切可能的手段（包括法律手段）消除对方的身份，从而建立自己的身份。

心理暴力往往是有意而为的，却总是披着“正当理由”的外衣，比如爱、孩子的教育、攒钱、逼不得已（详见第184页的“卢娜的亲身经历”，很有说明性）。

我们必须揭露隐藏的禁令，因为这种禁令意在迫使你相信每一次的暴力都是“为了你好”，因而你必须一言不发、毫不怀疑地接受。只有你自己知道什么会让你感觉良好。你唯一的出路就是（重新）学习相信自己的判断和自我认知。没人能够或应该以“为了你好”的名义伤害你。如果一段关系让你感到痛苦，让你支离破碎，那就不可能是“为了你好”。

若这个人希望你好，那么他就会做让你感觉良好的事情，就是这么简单。

操控：心理暴力的基础

夫妻间或职场上的心理暴力通常不会在关系的早期阶段表现出来，除非施暴者拥有完全不会受到惩罚的权力，让他能够受到保护并肆无忌惮地运用这种权力（比如一些显赫的领导人、电影或音乐明星、艺术家，但也有很多家长，因为他们实施的心理暴力是在家庭中秘密地发生的，而且在外人眼中可以呈现为某种形式的“严厉家教”）。这就是为什么，施暴者必须通过对受害者建立一种心理控制来为自己的行为做好铺垫。由于施暴者准备实施的行为是应该受到谴责和被禁止的，一旦被别人知道可能就会损害他的形象，因此，施暴者必须首先确保受害者会保持沉默并同意被操控。所以在大多数时候，施暴者会等到关系得以确立，并且受害者对他的人格建立起信任。

不要忘记，心理暴力必不可少的燃料是被爱的需求，作为回应，对一种看似伟大的、无尽的、你从未体验过的、就好像“没有人会再爱你的”承诺产生依赖，让你觉得自己是一个独一无二的特别之人，在大多数情况下，这是你以前从未与任何人经历过的。

一个精心设置的陷阱

在施暴者和受害者之间的关系得以建立的初期（无论是夫妻关系、家庭关系还是工作关系），这种心理暴力就已经存在，但被淹没在一种诱惑、保护或必要的氛围中——为了受害者好。这些心理暴力往往被受害者认定为是不正常的、不公正的或不协调的，但受害者既不允许自己对此加以考量，也不允许自己相信自己的判断和情绪，甚至有时会认为施暴者的行为是无意的。

即使意识到自己正在经受虐待和地狱之苦，但受害者还是被牢牢地困在陷阱里，因为他的分析和情绪将不断被施暴者宣布无效和否认（“没那么严重”），这就会让受害者持续感到愧疚、无能为力和有所亏欠：反复的暴力会诱发心理创伤性疾病，这些疾病会导致受害者陷入解离和情感麻醉的状态，从而无法理解自己的反应和情绪。

此外，施暴的时刻经常会被情绪停顿打断，在此期间，施暴者似乎在质疑自己，或只是做出一种爱的举动。这些喘息模糊了所有的轨迹，因为受害者将一切都倾注在这些喘息的时刻，以回应自己的幻想。受害者如此想让“爱他”——但却在虐待他——的这个人对自己温柔相待，以至于把自己对现实的所有解读都集中在这些停顿上，并开始否认暴力时刻，但事实上，这些时刻要频繁得多，尤其是具有一种更严重和更深刻的影响。受害者在这些时刻所感受到的是一种最终与自己的爱相一致的行为，表明那个让他遭受这一切的人是“为了自己好”。受害者选择只挑出能够确认自己被爱的那些元素……

这种信念使施暴者过去的行为变得合理，并使受害者准备好迎接后续齐发的施暴行为，受害者将越来越少地对这些行为作出反应，然后是根本不作反应，就这样茫然无措地被剥夺了思考、质疑，有时甚至是对事件回忆的能力。

自卫的第6个要诀：对暴力的记忆很短暂，把它记录下来

在每次遭受暴力时，试着记录下发生在你身上的事情。在事后尽快记录：由于与创伤性记忆有关的生理现象，对暴力事件的精确记忆会持续大约两天到五天。如果涉及的是心理暴力，而不是身体暴力或性暴力，这种现象就会因暴力带来的混乱而加剧。

一周之后，你很可能已经很难回忆起事件的状况、听到的确切话语、施暴者的辩解、你具体做了些什么，等等。而这种机制是累积性的：大脑“短路”得越来越快，并为了生存而养成了遗忘的习惯。

这就是为什么你没能成功地或无法做到离开：慢慢地，你不断忘记或已经忘记了施暴者正在对你做或做过的事情。

操控者、边缘型人格或自恋变态者：注意不要混为一谈！

根据共识，我们最常认为，操控就是用绕弯子的手段来达到某种目的。不幸的是，这个定义忽略了以下事实，即“绕弯子的手段”是最具伤害性的，而且其目的总是符合操控者的利益，而且从来都未经被操控者的同意。

因此，操控实际上是利用受害者未能识别的心理资源来对其施加影响，并让他去做、去说或去想符合操控者利益的事。

1987年，精神病学家保罗－克劳德·拉卡米耶（Paul-Claude Racamier）将“自恋型变态”的概念引入法国。他证明了自恋变态者与受害者的关系在很大程度上是以支配、折磨、虐待，尤其是控制为唯一目的的。变态者毫不关心真相，他只是想通过彻底摧毁对方的思想和情绪来证明自己的无所不能。

通过操控来对抗其内心深处的恐惧或达到目的的人，即便是运转不良的人，并不一定都是自恋变态者。一个人可能出于很多原因去操控另一个人，这些原因总是源自某种旧时的、根深蒂固的恐惧。这是一种防御机制，旨在将控制权交还给实施操控，并在每次想到失去控制时就会惊慌失措（即使是非常不自觉地）的那个人。

至于边缘型人格障碍，以前被称为“边缘状态”或“边缘人格”，我们常常会把出于对他人及其诚信的蔑视而进行的操控与无意识地旨在确保他人继续爱我们的操控相混淆，因为我们不确定他人是否真的有能力做到这一点。这种障碍还源自自恋建构的某种伤害，在童年时经历的虐待，尤其是在心理虐待中蒙受的伤害，它阻止了一切安全和稳固身份的建构，导致边缘型人格者形成一种情感依赖，这种情感依赖极其痛苦，且因害怕被抛弃而造成严重的后果。

边缘型人格者具有一种空虚和依赖的感觉，这与他们认为自己毫无价值、无法自给自足或并不真正值得他人之爱的信念有关。这就解释了他们的一些行为，比如成瘾（麻痹情绪痛苦）、冒险、不当的情绪爆发（没有权力体验或表达情绪的后果）、激情型和/或融合型关系，等等。情绪的爆发是不当的，因为太过强烈。

在这两种诊断之间，造成混淆的往往是分析操控行为的那个人。但是，边缘型人格者实施操控有时是为了“安排现实”（以便能够承受现实并保护自己免受有害环境的影响，或是为了不让失当的情绪凌驾于自己对现实的感知之上），或是为了寻找一种因自身痛苦而缺失的个人价值感，自恋变态者实施操控只是为了摧毁并享受这种摧毁。两者有很大的不同。

我经常看到病人将那些深受边缘型人格障碍之苦的人指责为自恋变态者。我还接待过一些有这种人格障碍的病人，他们痛苦地发现自己被错误地指责为变态者。这种混淆很伤人，因为边缘型人格者具有过度共情……这与变态完全相反！变态者寻求重新获得一种个人价值感，同时将一种过度的价值赋予他人（但这个人并配不上这种价值）。因此，这从来不涉及摧毁他人，而是相反，将其高高供起，以至于这些边缘型人格者愿意忍受很多事情，以免失去伴侣的爱。另一方面，所实施的操控，即便是出于爱或为了不失去对方，其后果也可能是痛苦的。

为了终结操控行为，我们有必要了解一个基本的关系事实：每个成年人都要对自己的行为、言语和情绪负责。没有任何理由可以让操控具有合理性；操控总是源于一种根深蒂固的恐惧，一种因为害怕失去而产生的恐惧，且这种恐惧不会表现出来。无论是你孩子的情感安全还是身体安全，无论是你事业的成果还是伴侣离你而去的危险，都无法使他人在未经同意的情况下满足他的期待而去牺牲你，并使自己的目的操控行为变得合理。

自卫的第7个要诀：以身作则（并坚持下去）

在征得对方同意并绝对尊重对方自由意志的情况下，尝试与其进行真诚的沟通。这种沟通的责任感有助于你专注对方的要求。

在本书的末尾（第213页），我们讨论了如何进行非暴力沟通（通常称为“NVC”）。非暴力沟通是一种能够让人获得真实沟通基础的方法示例。这种方法由美国心理学家马歇尔·B.卢森堡（Marshall B. Rosenberg）创立，目的是学习“在尊重个人需求、价值观和感受的情况下进行沟通”。按照安妮-洛尔·博塞利（Anne-Laure Boselli）的说法，“它（非暴力沟通）鼓励人们与自己的情绪建立联结，并对有损关系的恐惧、判断和解读有所意识”，并基于以下原则：

- 识别自己的感受和情绪；
- 观察事实，不带估计或评判；
- 明确表达自己的需求，并关注他人的需求；
- 提出明确和具体的要求。

视他人为物品，并消除其身份

通过操控实施心理暴力的人总是从保护他人和安慰他人开始。他表现得就像解答了你所有的疑惑和问题，他比你更了解你，他关注有关你的兴趣、欲望和脆弱的所有迹象。他窥伺你的期待和渴望得到满足的需求。但你可别被蒙蔽了：你和你的需求之所以重要，只是因为这可以给施暴者带来他所需要的东西，无论是才华、成功、慷慨，还是在社会中的一席之地。这些以绝对的方式向他证实了他是一个令人仰慕、被奉若神明的人。

他人的概念对施暴者来说是相对陌生的，甚至是完全陌生的。事实上，想要对一个人实施心理暴力，就必须屏蔽自己的同理心，并专注于获得对自己有价值的心理结果。

大多数时候，实施心理暴力的人将会把他的攻击伪装成善意。他会跟你说“这是为了你好”或“这很好”，指出你误解了他的意图，并让你相信这只是为了得到你的信任。实际上，除了你自己，没有人能告诉你什么是为你好，什么不是。

因为其导致的暴力关系，操控、恐吓、威胁和恐惧（这可以通过一个简单的眼神加以实施，尤其是可以通过无法理解和不一致的行为导致的手足无措加以实施）是一种真正的消除受害者身份的行径，受害者此前一直在使用这种身份，直到他感到自卑、无能、不称职、愚蠢、有罪、没有任何价值、沦为一件物品，认为自己没有任何权利。

这些心理暴力总是被施暴者说成完全是由受害者的态度造成的，即使他承认自己已经忍无可忍（“你烦死我了”“你所做的一切都是为了激怒我，让我不得安生”，等等）。施暴者知道这些暴力是不合理和无可辩解的，这些暴力侵犯了受害者的权利和尊严，但他还是会在家中、工作场合和机构的封闭环境中实施这些暴力，并仗着“别人对此会说些什么”形成的隐秘性，享受某种形式的不受惩罚。

施暴者想要在受害者身上制造些什么

◉ 一种身体和情绪的不安全氛围，通过无时无刻的冲突、恐吓、威胁、情感勒索、持续的暗示、不停的攻击和敌意、突然的发怒、稍不高兴就表现出的苛责或反对、严厉的态度、毫不掩饰的冷漠、对家庭生活和经济负担的不尊重而造成。

◉ 一种约束、控制和孤立的氛围，通过不断地监视、强加一些不合理的生活规则、对隐私隐含的不尊重而造成。

◉ 一种自卑、贬低和羞辱的感觉，通过反复的否定和羞辱、不断地批评和伤人的言语而造成。

◉ 一种内疚的氛围和无能感，通过抱怨和批评、不切实际的苛求、拒绝和失望的态度、嫉妒使受害者产生一种不断犯错的感觉。

◉ 一种困惑和怀疑的感觉，通过不一致的态度和信息、谎言、操控、对一切行动和举动的解读、对意图的拷问，以及对基本需求、情绪、感觉和痛苦的不承认、拒绝和轻视而造成，从而令受害者不相信自己的判断、反应和渴望。

我怨恨你，因为你让我不曾拥有童年，因为你的不耐烦，因为你的吼叫，因为你扇我耳光，因为你恼羞成怒地说我是杀手——因为我在课后活动中弄死了你给的植物，因为你不知多少次的甩门而去。

我怨恨你，因为我在家里感到害怕：害怕你，害怕你回家，害怕你的反应，害怕你的咄咄逼人。

我怨恨你，因为你毁掉了家庭聚餐、圣诞节和旅行。

我怨恨你，因为你对我说了可怕的话，因为你的恶毒和暴戾。

我怨恨你，因为你总是反驳和贬低我。

我怨恨你，因为你偷走了我的童年。

所有的人，我们两边的家人都受了苦，从来没人对你说过些什么，从来没人告诉你要停手。

我们都在默默地忍受着你的愤怒、你的滔滔不绝、你的疯狂时刻——"为了不找麻烦"。在我的一生中，家人都在用这句话来劝我，为了让某个事件顺利地过去，他们会对我说："拜托，玛戈，别给你父亲找麻烦了。你知道他是什么样的人……"

今天，这一切都结束了。在我30岁的生日会上，你在目瞪口呆的家人面前莫名其妙地愤怒，你让我们所有人无法共度圣诞节的愤怒……我说的还只是最近发生的事情，我不会再接受这样的事情再次发生了。

我想了很久，自己到底做了什么，对你做了什么。

我花了很长时间，太长的时间，四十二年了，才说出了所有这一切。

我终于说出来了：你总是在愤怒。因为谁愤怒，因为什么愤怒，我不知道，但我无法再忍受了。

我明白了，没有什么好明白的，你的愤怒和我毫无关系，而且不幸的是，我永远都无法平息你的怒火，或者改变这种状况。

我和你越来越疏远了，情感上的疏远已经有一阵子了，身体上的疏远，我不知道已经有多少年了。我很难去亲吻你、拥抱你。我们之间无话可说，只有空洞的交谈、指责和深深的沉默。

我常常问自己，我小时候是不是个“神经过敏”的可怜女孩，总是制造问题，未曾拥有令自己感到幸福的一切。今天，尽管我有时仍然会这样问自己，但我知道了问题所在，是你有问题。我的求生本能告诉我，我无法改变自己的童年和过去，但当下，我可以掌控；我也不能改变你，但我可以告诉你，你的哪些部分是我可以接受和不能接受的。你不再让我感到害怕了，我不想再感到害怕了。

我心里的那个小女孩追寻你很久了，而且仍在希望获得你的认可、你无条件的爱。

现在，我自由了。

施暴者隔绝了自己的共情和超敏反应

“共情”这个词是从德语单词“Einfühlung”翻译过来的，这个单词的字面意思是“感受内心，感知”。共情指的是设身处地、感受他人的情绪和理解他人的反应，且不会对他人进行自我认同并将自己的感受投射到他人身上，不会与他人的所说或所做相融合的能力。

共情，需要持有一种关注他人感受和需求的态度，同时保持对自己的需求和感受的关注。很多时候，施暴者无法做到共情，无论是从那一刻来说还是从绝对意义上来说，这要么是因为施暴者自恋的愤怒，作为对你向他提出的疑问或批评的回应，要么是因为施暴者认为自己是比你更惨的受害者，甚至是因为你对他来说根本不存在（自恋型变态的情况就是如此）。

在实施心理暴力的那一刻，为了让暴力得以顺利实施，施暴者必须感觉不到任何的影响。他已经学会了暂时地或永久地隔绝某些影响，最常见的原因是，他在自身经历中曾遭受过心理暴力或其他暴力，这些暴力永久地摧毁了他的自尊。

自恋变态者的情况也是一样，因为自恋变态者往往从一开始就具有超敏性，且必须强制性地进行自我保护，以避免过去带来的过于强烈的情绪痛苦。他隔绝了自己所有的情绪感觉，无法为他人做到设身处地。他认为，之前发生在自己身上的一切——他从未从中恢复过来，之所以会发生，只是因为他“原谅了”并曾试图理解施暴者施加的暴力。他不会再犯同样的错误：他已经不自觉地发誓，不会再尝试设身处地地为他人着想，而现在，应该设身处地的人是这个受害者。内在的超敏反应让他知道你需要什么或想要什么、你想听到什么、你有多想被看到、什么能让你感到被理解……并让你任由他的暴力摆布。不幸的是，他并没有借助这种超敏性去跟你更好地沟通以理解你，而是用它来摧毁你。而你要花很长时间来接受这一点，因为以前从未有人如此了解过你的这种感觉让人非常上瘾。

你必须知道，你的超敏性和共情可能会让自己陷入危险。当你试图原谅施暴者或理解他对你施暴的原因时，你就是在与自己的痛苦和敏感产生共鸣。你凭直觉明白了其中的共同根源，但你无法接受自己没有因此而踏上相同的道路。

施暴者与自己的敏感和共情隔绝，就像你与之相连一样，而你这么做更多的是为了对方，而不是为了自己！当你在保护施暴者并想要治愈他的痛苦时，你就是想要去为他做那些你没有为自己做过的事情：你必须把自己放在首位。你必须接受这样的事实：并非每个人都会对自己的伤痛采取同样的处理方式，有时候，有的人更愿意通过暴力来自我防御，而不是去着手解决他们恐惧的根源。

但是，有些事你很难听进去，我自己也花了很长时间才接受了这些事：把对方的痛苦看得比自己的痛苦更重要，这就相当于制定了一种避免自己痛苦和恐惧的策略。通过这样做，你采取了一种更为“善良”和利他的态度，而不是一种旨在屏蔽他人痛苦的态度，因为你顾念到了他的痛苦，因此，就你的价值尺度而言，这似乎更容易被接受。但是，这种做法往往会阻止你面对自己的恐惧，并剥夺你在进行一种有效运转之前的真正意识，为自己受到的伤害承担起责任，观察这些伤害并有所意识，忍受着去探索它们导致的症状，而这些症状往往是我们无法忍受的，这意味着打破暴力的囹圄——那些我们加诸自身的暴力和别人加诸我们的暴力。

自卫的第8个要诀：确切地知道你是谁

更好地认识自己意味着更好地了解自己，而不再需要别人为你去做这件事。这就是为什么心理治疗如此有效，而且对于心理暴力之后的重建来说也是必不可少的。

能够处理自己的过往对你来说至关重要，无论你选择什么样的工具：阅读、写作、艺术创作、健身、心理治疗，等等。

学会探索自己的伤痛，并优先给予自己持续治疗这些伤痛所需的东西。

直面自己需要一定的勇气和自信。我们面对自己的生活所采取的态度是我们之所以是人的关键所在。正是在这个方面，我们最有可能将责任归咎于外部环境或他人的行为。我们要为我们对自己的残疾、不完美、痛苦、愤怒、抑郁负责，也要为我们对自己的快乐、自由、爱、慷慨、身体、性欲负责。当一个人否认自己的潜力而不去运用这些潜力的时候，他就会对自己感到愧疚，这种愧疚对他来说是最难以承担的责任。但是，当我们与自己的价值观和理想保持一致时，责任就最能让我们体验到活着的感觉。

第三章

心理暴力的机制

在大量的心理暴力案例中，我们都会发现一些心理创伤研究者所说的“施暴者系统”。这种系统也适用于所有其他类型的暴力（语言暴力、身体暴力和性暴力），它包括五种策略，这或多或少都是有意识的，所有利用心理暴力对受害者施加影响的机制都以这五种策略为基础：

1. 隔绝；
2. 贬低；
3. 颠倒负罪感；
4. 制造恐怖和不安全的气氛，实施威胁；
5. 通过在有罪不罚上下功夫来保密，招募盟友。

你必须牢记以上五点，因为它们是评估一种态度有害程度的关键指标，而且更全面地说，是评估一个人的态度有害程度的关键指标。我们将在本章介绍的心理暴力的类型中看到它们。

不同形式的情感勒索

有一种常见的心理暴力形式，那就是将自己的不愉快或痛苦的情绪归咎于他人。受害者甚至可能要为施暴者应受谴责的行为负责。

当一个人处于平衡状态时，指责或伤害他人的行为会引起一种作为我们内心道德准则的愧疚感，如果这种愧疚感伴随着责任感且没有蒙上羞耻感，那么就可以让我们弥补犯下的错误或向他人道歉。在病态关系中，情况则并非如此，因为了解对方的小缺点和痛苦，施暴者就会每天在对方最细微的行为中让对方想起自己的这些小缺点和痛苦……

愧疚的有毒关系

“你做的饭真难吃（或：你是个糟糕的母亲）”“你总是迟到（不负责任、自私、懒惰，等等）”：永远无法胜任的受害者不断被施暴者贬低，后者习惯于放大前者的错误并将它们概括化，使得这些错误看起来就像缺点。施暴者以真实的事实为基础，让受害者深陷其中，好以此来打压对方；通过强调和放大这些事实，施暴者为自己的行为洗清了罪名。从受害者一个微不足道的错误出发，施暴者会制造出一个受害者某些特征的真相（因为做饭做坏了一次，受害者就变成了“不会做饭”），并对这种愧疚加以利用。这种压力的周而复始，一天几次或一周几次，最终会令受害者窒息，让他无法退开一步审视自己和所处的境况。

于是，施暴者就会用受害者的缺点为自己的暴力行为进行辩解：“我会那样做是因为你让我感到恶心。”施暴者用指责对受害者施以重压，好让他感到愧疚，以至于忘记了施暴者的行为：施暴者不再是罪魁祸首，他变成了受害者。这种愧疚的反转是实施严重心理暴力的一种手法，这种手法具有毁灭性，它剥夺了受害者选择是否继续这一关系的自由。这是操控和勒索的直接后果。

受害者最终都会无一例外地认为，伴侣之所以对自己暴力相向，是因为自己不懂该如何满足对方的需求，或是因为自己行为失当。面对此类影射或指责，受害者往往会感到形单影只并进行自我审查：羞耻感盖过了他们的不公感，因为他们原谅了在所有人看来不可原谅的事情，还因为他们忍受了来自施暴者的扭曲指责（这会证明他们不值得被爱）。

很多时候，身边的人会催促受害者离开施暴者……但受害者却无法做到。这不仅证实了受害者内心深处的恐惧（“我不值得被爱，因为我完全不明白大家对我说的话是什么意思”），也证实了受害者在所处境况中的恐惧（“我一无是处，因为我留在了他/她的身边或回到了他/她的身边”）。此外，身边之人的这种态度让受害者感到无比苦恼，因为他看到那些他原本觉得可以信任的人渐渐远离自己，他们对自己居然能够忍受如此的暴力攻击既没有回应也没有逃走感到灰心和震惊。

受害者渐渐地感到羞耻，然后是愧疚，最后是异常孤独，并被因为没有在一开始就进行抵抗而产生的羞耻感所淹没。玛丽–法兰丝·伊里戈扬很好地解释了这些机制，并补充解释说，当受害者因威胁而要离开时，这种愧疚就会增强，于是，施暴者通过指责受害者想要毁掉自己而把对方留在自己身边，而且有时还会以自杀相要挟来强化这种愧疚……

因此，在施暴者看来，你是一个非常糟糕的人，不配得到他给你的爱。如果你离开这个家长、这个配偶或这个雇主，就不会再有人像他那样去爱你或重视你。这个爱你的人以其无尽的慷慨和“敏感”爱着你，因为只有他才了解真正的你。他只是想在你还不知道如何做好的——或者没有按照他的方式（当然了，这是唯一有效的方式）去做的——地方“纠正”你。

情绪责任，一种强大的机制

当你开始向身边的人解释，你比他们想象中的要更难相处，因而得到如此的对待是正常的时，情况就变得非常令人担忧了。这就有点像是你的错，而且对他/她来说很累。不用多久，你就会几乎感谢他/她无论怎样都爱着你。

此外，你在大多数时候都别无选择，只能赞同施暴者，这有两个主要原因。首先，因为你试图赋予自己所经历的一切以意义——但这一切似乎没有任何意义。让某个毫无意义的事件具有意义，最简单的方法就是在自己身上找到这种所谓的意义。你的情况，就是将错误内化：你最终会承认是你夸大其词，是你的行为有失妥当，而他/她冲你发火是不无道理的……

接着，这种机制变得愈发强大，因为在针对你的批评中往往夹杂着一部分现实，这就使得陷阱形成闭环的方式变得无可指责。事实上，你被倾听但却从未被听到或理解的事实感到疲惫和绝望，以至于你实在不知所措。这就让你的施暴者收紧了对你的控制，反过来为他自己的过分之举赋予了合理性，并助长了你感到并最终认为合理的羞耻。

“真的，我不该坚持的。”“我说那话肯定很伤人。”“我跟个疯子似的。”这些很可能是你曾经想过或说过的话。在忍受了大量此类指责和不公的言论之后，你甚至可能还请求了原谅。这些想法很可怕，因为它们对你进行了不合理的宣判，你没有认识到对方在你的脆弱化中所负有的那部分责任。当你以这种方式在内心粗暴地对待自己的时候，你就忽略了这样一个事实，那就是你别无选择，只能做出过激的反应或失控。唯一的解决办法就是离开，但你的自尊心完全被破坏了，能量处于最低点，这让你根本无法做到离开。不是因为你没有资源，也不是因为你软弱，而是因为你已经筋疲力尽，再也不知道自己是谁了。

通过让你感到愧疚，心理暴力的始作俑者试图让你为他的愤怒状态买单，或者更准确地说，为他不可接受的情绪失控负责。当你不予回应或同意为他承担这一责任时，你不是在把责任归还给他，而是在接受一份不属于你并困住你的责任。这就促使你去修复你所造成的伤害，而不是让每一方各归其位，这就可能导致操控你的人采取威胁甚至暴力的态度，从而让其笼罩着你并让这种错误的颠倒合理化。

自卫的第9个要诀：认识情绪责任

情绪责任是一种姿态，它能够让我们学会选择将行为与情绪相联系，而且，更广泛地说，是选择与对我们而言的重要之人发展哪种类型的关系。这往往涉及改变我们已经建立起来的信念体系，这一体系促使我们为他人的过度行为卸责，而我们自己却承担起这些本不属于我们的责任，甚至负罪感。

情绪责任可以总结为以下一系列陈述：

- 我有责任满足我的需求。你有责任满足你的需求。
- 我对我所做的与我的情绪相联系的行为负责。你对你所做的与你的情绪相联系的行为负责。
- 我不能控制我的情绪，但我会选择表达这些情绪的方式和与之相关的行为。

此类运转中最具标志性的话语就是众人皆知的“你惹恼了我”或其变体“你让我发疯”，后者愈发令人感到愧疚。但没有谁惹恼了谁，没有谁“强迫”谁变得疯狂或暴力……当对话双方对自己的情绪责任具有成熟的认知时，任何一方都不会指责对方是自己糟糕情绪的原因或根源，更不用说与之相关的功能失调行为了。我们每个人都会感到气恼、愤恨甚至狂怒，但在感到这些情绪时，我们在任何情况下都并非被迫或不得已而以一种糟糕的方式去行事、操控，或实施肢体暴力。

作为防御机制的投射

投射是一种典型的心理防御机制，尤其被用在涉及心理暴力的关系中。投射就是在他人身上看到发生在自己身上的事情。

这个过程对受害者来说是很难识别的，受害者往往仍依附于话语，试图理解自己受到的指责，并在无法解决的问题上兜圈子，因为在现实中，对受害者的指责与他本人无关。因此，投射往往会导致一种无法表达的、巨大的不公感，因为指责者或施暴者对自己所说的话深信不疑。很多时候，施暴者投射到受害者身上的是另一个人，这个人曾对施暴者施加了心理虐待，并被施暴者“内摄”。这意味着施暴者已经把这个人的虐待机能整合为一种原型机能——是某一类人（女人、男人、母亲、聪明的孩子、热心的雇员等）的典型机能。投射之所以如此难以识别，是由于它往往基于现实中的一些元素（因为它是通过对感觉或想法的联想来进行的），因此乍看之下似乎属于一种理性话语。

这种投射让人可以面对临床心理学所称的“我无法接受的感情所引发的痛苦”：使用这种防御机制的人会不自觉地将自己感受到的情感或欲望归因于他人。这就让这个人能够接受自己的敌对情感，因为情感不过是对他归因于他人攻击的合理回应：“你无法再忍受我，你不再知道如何通过假装好心来伤害我。”施暴者因此免受自己的自恋伤害。

这种机制导致操控者或施暴者的受害。它造成了情况的逆转，其间，在心理上先被震惊后被麻痹的受害者目睹施暴者的受害，有时甚至被指责为迫害者。这是一种利用影响力和参照缺失以达到目的的心理游戏。

这种不健康的心理游戏，其最有代表性的一句表述被称为“卡普曼三角”，也就是：“在我为你做了这么多之后……”

卡普曼三角，一种戏剧心理游戏

我们来看看史蒂夫·卡普曼（Stephen Karpman）在1968年描述的心理游戏，你会觉得它非常有趣。在这个游戏中，发现自己被困是极为常见的，有时候一天好几次——一些人不知道如何以其他方式运转。

这个“戏剧三角”中的三个人物被称为拯救者、迫害者和受害者。在人际关系中，当其中一个人自发或不情愿地扮演了其中一个角色时，另一个人就会将自己定位为剩下的两个所谓的“补充角色”之一。然后，角色势必会轮换，妨碍一切成人式的对话，并大大增加误解、愤怒和既没有被尊重也没有被倾听的感觉。

将自己定位为受害者，操控你的人就会激活你的共情，促使你采取一种拯救者的姿态（三角的第一极）。这个人试图让你感到你对他有所亏欠，这就激活了你帮助他的需求以回报他为你做的事：拯救者于是转变成受害者（三角的第二极）。

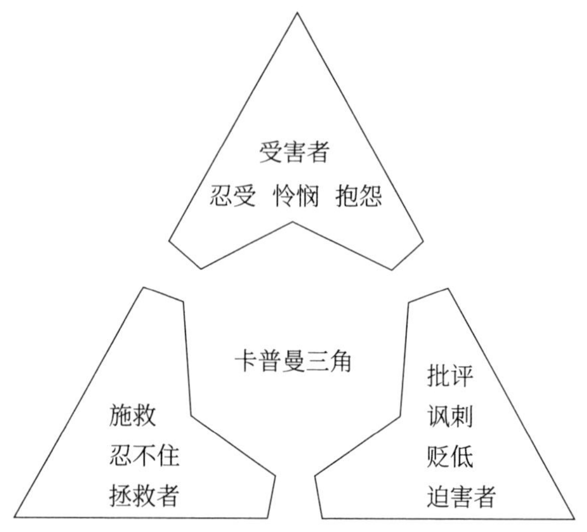

然而，不知不觉中，你很清楚你不必帮助他，因为他不是你的受害者，于是你会同意去拯救他（三角的第一极），但往往出于无奈或为了草草了事，无论在哪种情况下，拯救得都没那么好，没那么快，或没那么长久，也没像他所希望的那样好（是的，这是游戏的一部分！），这就使你成了迫害者（三角的第三极）。

作为回应，这个人感到出现暴力是合理的，于是就导致他对你施加迫害……而你反过来就成了他的受害者。

想要走出这个三角，必须首先确认你的对话者被困在他最喜欢的角色中，使你不得不转向另外两个角色之一。

然后，为了让游戏停止，作为回应，你必须以一种成年人的姿态，而不像这种心理游戏所提供的姿态之一来对抗惯常的诱饵。

采取成年人的姿态意味着对自己的行为、言语和情绪负责，让他人为他的行为、言语和情绪承担全部责任。这是走出这个三角的唯一方法，因为这个心理游戏的基础是每个角色扮演者的卸责，每个扮演者都试图将责任推卸给他人（自卫的第9个要诀，参见第88页）。

大卫的亲身经历

大卫和一个对他非常重要的女人有过一段复杂而痛苦的关系。他最终挣脱了她的控制，并通过学习在操控和心理暴力中发挥作用的机制得以重建自我。

起初，是谎言，不合理的谎言，而且往往很粗暴。我当时不想看到这些。然后是不忠、失踪、从未兑现的承诺，还有我费尽心力却无法满足的荒唐苛求：尽管我的大部分时间、注意力和金钱都花在了这上面，但永远都不够。还有指责、频繁的沉默、赌气，完全无法沟通。

每一次尝试对话都会毫无例外地转而指向我，责任的颠倒也莫不如此，如果我偏离了一条“直路”，随之而来的就是结束关系的不断威胁，而那条路是走不通的，因为走那条路就是为了让我跌倒……

沮丧、无力、麻痹、如履薄冰的感觉，完整性被剥夺的感觉……事实上，这是一场噩梦。只不过除此以外，也曾有过无可挑剔的完美时刻，堪称神奇，特别是在刚开始的时候，那些梦幻般的时刻似乎可以抹去一切。那些让人觉得事情会好起来、她会改变的时刻……直到有一天，她受够了假装，认为在我面前抖落她那些伪装的碎片比隐藏它们更加有趣，但却从不承认任何事情，抛出那些暧昧到刚好让我作出反应的暗示和片言碎语，一旦得到了想要的反应就立即开始指责我……

当我终于明白了问题的本质，明白了事情不会好转、她不会改变，在这个噩梦里再过一年或十年的想法比离开她变成孤身一人的想法更糟，于是我离开了她。她喜欢一遍又一遍地说我必须为我们的关系“抗争”；有一天，我意识到想让我“抗争”的是她。但谁愿意耗费自己的一生去和自己所爱的人抗争呢？

最初那段日子真的很难熬，我当时条件反射式地认为我是我们所有问题的根源，我那么爱她，一想到失去她就会感到特别揪心、特别孤独……然后，我情不自禁地感到内疚，继续为她寻找借口和情有可原的解释。于是，我认清了一个本质性的真相：每个人都要对自己的行为和决定负责，而且我知道，因为我看到了这一点，她是在完全了解原因的情况下行事的。

在我们分手后的头几个星期，我无所适从，非常渴望了解和理解刚刚发生在我身上的事情，于是我开始阅读和查看所有我能找到的关于这种关系的资料。远离自恋变态者的陈词滥调，这让我发现并了解了人格障碍和依恋障碍，这可不是件小事；自那以后，我又自然而然地了解了童年创伤——她的、我的——我意识到这类经历不断发生在我身上，即便和她的经历是最糟糕的，意识到我倾向于寻求(甚至享受)自己被利用的关系。我明白了我的童年并不是一段我想象中的理想过往，我的一些“朋友”并不是真正的朋友……我还明白了无论我做什么都无法拯救那个和我一起生活过的女人，她注定要重蹈覆辙，因为她有病理性问题，无法审视自己。最重要的是，我终于明白，我的责任既不是拯救她，也不是拯救任何人，而且这种关系从一开始就注定要失败，无论我做什么。

这种深刻的自我审视大有裨益，我当时别无选择，跌到谷底的想法让人无法忍受。互联网上有些人是这种情况的受害者，他们继续不断诉说自己在五年、十年或十五年前经历的事情。对我来说，这是不可接受的：我决不能让自己重蹈覆辙。于是，我尽可能让自己自律，一点一点去做。我花很多时间去运动，只要有机会就运动，我竭尽所能地改善睡眠、减少饮酒，并继续阅读和查看资料——心理学是一门引人入胜的学科。

差不多一年后，我仍会想到那段情感经历，但是以一种更为特别和没那么痛苦的方式。老实说，我从未感到过如此的泰然和强大。我仍然有很长的一段路要走，但我已经可以对自己的经历心存感激了，现在，我的未来要比我的过去有趣得多。

他人不存在

玛丽–法兰丝·伊里戈扬指出，操控者“可能曾是遭受心理虐待的孩子，或者相反，曾是被溺爱和在毫无约束的情况下被抚养长大的孩子。在这两种情况中，他都被物化了，不知道以其他的方式运转”。这就好像心理暴力的实施者将他人置于自己的控制之下并进行贬低一样，要么是因为施暴者在其作为范例的父母身上观察到了这种行为，要么是因为他自己被允许对母亲、姐妹、兄弟等做出这种行为。而事实上，很多心理暴力的实施者都具有一个显著的特征：寻求控制和掌握，这让他们能够对他人拥有绝对的权力。这个他人只是为了满足施暴者的需求，作为一个人是不存在的；不存在的意思是这个他人的需求、期望和欲望没有任何合理性。只有施暴者的需求、期望和欲望才是关键所在。

“物化”，心理暴力的一个非常强烈的信号

安妮-洛尔·布菲写道：“控制排除了所有他性、善意和保护的概念。”但是，为了让自己看起来像是一种真诚的关系，控制会让人觉得它具有三种品质。在关注的幌子下，施暴者获悉了你所有的喜好，并常常按照你的口味和期待行事。为了向你证明他对你的善意，施暴者会在一切对你来说痛苦和困难的事情上帮助你，并通过在任何情况下都会给予你保护的做法，在每一次你感到不知所措的情况下对你施以援手（并在这个过程中了解你最大的弱点）。

慢慢地，你会不再确定是否果真如此，因为在你获得的关注中，你会察觉到一种不舒服的感觉，或者一种言语间隐隐透出的排他性要求。在善意中，你察觉到（但不确定）一丝嘲弄；在保护中，你感觉到自己将会有所亏欠……这种起初看来非常慷慨的帮助会让你感到不自在，而你不太清楚为什么。但你很快就选择忽略你的疑虑，因为你特别

不希望这些疑虑得到证实。

然而，你越来越经常地受到不请自来的关照，从而造成并强化了越来越沉重和令人不快的忠诚债务。心理暴力的实施者，无论他是你的伴侣、朋友、亲戚还是上司，都会预料到你的渴望，而不去考虑这些渴望是否真实。这个信号极为重要：这样你就会明白，你并不是真正地存在。

露西的亲身经历

我19岁时认识了那个男人，当时他看起来像是个好人：外表不起眼，似乎在之前的关系中吃过不少苦头，一副完美的人畜无害的废柴形象。

我们认识的头一晚，在家里，在通过一番甜言蜜语得到我的初吻之后，他迅速把我拉到一边，突然打断了我们愉快的相处，命令我给他口交。我立马感到不舒服，目瞪口呆的我决定想尽办法避免这么做。

在一次晚餐音乐会上，他再次现身，并设法让自己成了家宴的座上宾。整顿饭不时被一些简短的让人愧疚的话语打断，说我无视他所有的来电，说“那样做不好”。我感到错在自己。他得到了第二天约会的应允，而我则获得了那晚余下时间里的安宁……但随后的十五年我却如坠地狱。

之后我们的关系编织出的都是同一幅画面：忽冷忽热、反复无常、补偿和惩罚、表面上的珍视和行动上的蔑视、公开场合无以复加的故作姿态和卧室里令人最为不齿的暴力行为。

那是一段很长的、我称为“驯养”的时期，因为那段日子我就是这么过的，直到彻底毁灭。那段时间将近四年，我没有我们住所的钥匙——他总是假称忘了配——我每次外出都在他的掌控之中。

与此同时，在公开场合，他会特意在一切事情上征求我的同意，做法浮夸到几乎令人啼笑皆非。当然，也有一些小的失控局面，但都被淹没在一派温馨的氛围中，没人注意到。我不清楚在自己正在经历的事情中，哪些是真实的。任何能让我意识到他真面目的东西都是无法言说的，而我越是感到羞耻，就越说不出来。此外，我几乎再也没有朋友。每一次他不在场的聊天都让他大发雷霆，然后是暴力相向。

让我意识到必须要离开的是他在我母亲面前犯下的一个错误（我终于有了目击证人，所以我没疯！我所遭受的一切绝不正常！）：我自己可以忍受的绝不会让我的孩子们去忍受，所有潜伏在他们的日常生活中的暴力是我无法忍受的。现在，治疗、职业生活的改变和朋友圈的重建，让那十五年精心谋划的伤害给我留下的伤口在一点点地愈合，而最为可怕的是恐惧的烙印：它在任何时候都会死灰复燃，带着一种毁灭性的力量，阻止任何新的构建并让我彻底瘫痪。

记住，没有人比你更清楚什么才是为你好：任何声称不是这样的人都已经处于一种暴力关系之中了，无论是自觉地还是不自觉地。想让你相信这一点的人已经在实施某种形式的暴力了，因为他否认了你的身份和你可以自行说出什么事对你好、什么事对你不好的能力。因此会有两种可能：你拒绝自己不想要的东西，而对方明白这一点，让你按照自己所希望的那样行事，并在意识到他已经侵入了你的空间时调整自己的态度；如果剧情没有以这种健康的方式继续下去，对方一再坚持，好让你接受你不想要的东西或某种情况，这就意味着他没听到并尊重你的排他性和完整性，而且并不关心你对此赞成与否。即使是出于爱或好心，这样的持续和辩白都该让你警醒并抽身远离。

这一“物化”原则界定了一些人看待身边之人的方式：将其视为他们可以违背其意愿、用一种多少有些微妙的方式为自己的利益去服务的物品。

把某个人视作一件物品，物化他，就是否认这个人的自由意志，也就是说否认他知道什么对自己好或有害的能力。可以说，积极的操控是不存在的：通过剥夺某个人的知情权或引导他依据并非其本人的优先次序作出选择或操控来代替他做出决定，就是在实施暴力。

自卫的第10个要诀：爱自己，相信自己！

遭受心理暴力的往往是那些倾向于重视他人胜过重视自己的人。他们认为对方比自己更懂得审时度势，比自己更知道什么是对自己好的，比自己更了解和感知自己不知该如何感知的事情，包括关于他们自己的事情……

如果你是以这种方式运转的，那么继续这种错误的信念会让你变得脆弱。当务之急是学会相信自己，并设想只有你自己知道什么是对你好的，你完全有能力像其他任何人一样对某种状况作出确切的评估。

不要把你生活的所有权利交给别人！

为了帮助你不再让自己被“物化”，请列出每一次你知道情况会对你不利或另一种他人提供的选择对你并非是好的情形：识别这些情形就已经是相信你自己了。花时间写一份你的能力清单，包括你的专业技能和处世能力。如果你做不到，去问问爱你的人，在他们眼中你有什么技能和能力，把这些信息牢牢记在心中：你是有价值的，只是因为你是你。

当你遭受心理暴力且控制的习惯快形成时，就可能导致某种形式的“自愿隔离”：你最终会放弃所有形式的社交生活、友谊、交流和支持，以免激怒你的施暴者。你渐渐相信自己永远都不对，总是出现在错误的时间和错误的地点，没有说应该说的话或做应该做的事，你永远也做不到。

你的需求遭到如此惯性的忽视，以至于你最终遗忘了自己的需求：由于无法再运用你的判断力，你在行事时就好像需要施暴者的意见或允许才能做出决定或拥有采取行动的自由。

之所以有这种态度是因为你的信念、价值观和能力的合理性被完全否认，此外，还因为施暴者通过协助你、帮助你、替你做（做得比你好），从而把你当作孩子和依赖者来对待，而你不再敢于去做他为你做得如此之好的事情。

你最终会认为你“需要”别人来教你去做你不知道如何去做的事情，甚至还会认为是你不适应，从而促成依赖现象的形成，并使你坚信自己将永远无法摆脱这个系统，因为没有它，你就会迷失方向……

自卫的第11个要诀：寻求自主

如果你身份的取消已经在你的依赖中根深蒂固，那么自卫的关键就是：在任何情况下，尽一切可能确保你的自主性。

如果不能立即做到这一点，那就为此打好基础，使之能够尽快实现（参加培训、日常生活自给自足、偿还债务、照顾孩子、请人辅导等）。

你必须尽可能地只依靠自己。

微妙地忽视他人的感受

为了继续我们的解密工作，我想明确指出的是，总是忽视你的意见、想法、建议或需求的做法是一种心理暴力。原因如前文所述：这一做法剥夺了你的判断力、贬低了你的价值并伤害了你的自尊。这并不意味着你周围的人必须总是热衷于采用你所有的建议，而是倾听并提出问题，有时候，如果愿意，他们还可以表示赞成，要么是因为乐于和你一起做一些事，要么是因为信任你，或只是赞同你的想法——而且在表达出来的时候没有自我作祟。

当你的建议不断被某人否定，或者这个人做了决定之后又说根本不喜欢这项活动、宁愿回家；当他取笑你的政治观点或信仰，有时通过公开它们在别人面前嘲笑你时（“当我看着你母亲的时候，我就心想女人怎么能有投票权”），当你的想法总是微妙地遭到质疑时，你的自尊就会渐渐受到伤害。

以下是一个典型的复杂型心理创伤案例[1]：抹掉一个不当的想法、一次不会造成后果的伤害，它有时看起来无关紧要，有时又很伤人，但仅此而已。相反，此类回应的重复性和系统性最终会构成一种创伤性的伤害。你会不自觉地对此得出结论：你建议、喜欢或青睐的东西都不恰当。因此，你不是一个有趣的人，甚至不值得被爱。

塞巴斯蒂安的亲身经历

六个月前，在我母亲中风之后，我突然意识到我父母对我的态度在很大程度上都是心理虐待。这种虐待体现为多年来不断重复的、看似无害的只言片语，暗示“不够好”“表现不佳”，但总是以一种暗戳戳的方式。在外人看来，尤其是邻居或朋友，这没什么大不了的……

1　参见第139框内文字。

经常拿某个同学或家里的另一个成员跟我比较，特别是我的兄弟。很多对我们来说很重要的事情都被我们的父母贬得一文不值。他们总是作评判，尤其是在道德和政治方面。除了他们自己的意见，没有任何容纳其他意见的空间：任何不同的意见，即使是他们自己孩子的意见，都会被拒绝，会遭到嘲笑。

所以，为了保护自己，我竭尽所能顺着他们的心意，而不去考虑自己想要什么。特别是，我开始害怕家庭圈子以外的一切，发展出一种特别顽固和严重的社交恐惧症，这种恐惧症至今都是我的负累，还让我陷入深深的抑郁。

其他行为可能与这种导致当作他人不存在一样对他人行事的共情缺乏有关。最常见的情况是以伤害某个人或不关注其痛苦的表达方式来照顾他。这种态度最具特点的话语就是众人皆知的“哦，没事……”。所有从事过运动的孩子都对古典芭蕾舞课程上揪起发髻、使用90°酒精消毒剂（其实可以使用其他无痛感但同样有效的消毒剂）的场面有着苦涩的回忆……在此类情况中，一些成年人实施的虐待是没有限制的，尤其是如果可以打着“照顾”的幌子实施的话。在这里，我们就处在肢体暴力和心理暴力的中间了，后者基于这样一个事实，即痛苦被感受到并被表达出来，但施暴者依旧为了他人“好”而继续其“照顾”的行为，无视对方的哭喊或停止的要求。

被故意忽视构成了一种严重的心理暴力：你的脆弱性因此被否定，而你的痛苦则被认为可以忽略不计，所以你本人就被否定了。

同样，以安抚或安慰别人为借口，否认某人痛苦情绪的做法也是一种暴力，其形式多种多样，从最善意的到最令人心寒的，不一而足。所有诸如“会好的”“一切都会好起来的”“没关系，反正……没那么糟糕”，或“看到你这样我很难过”等无伤大雅的话语最终都会演变成对你施加的暴力。但你对这些话已经习以为常，而且这些话有时很动听，还带着最大的善意，所以你想要相信这些话。然而，赞同这些话就等于全盘否认或否定你的想法和感受。

因此，当一个人对你既没有表现出共情也没有表现出同情时，他就是在对你实施心理暴力。比如，当你告诉他你经历过的一件难事时，他会替那些伤害你的人辩解，甚至跟别人去说你的缺点、弱点，说可能让你脆弱的事情或是你不想让任何人知道的事情——有时甚至会当着你的面去跟别人说。他甚至还会批评你过于敏感，就好像他的话让你不快是你的责任，而当你设法说出你受到了某句话的伤害或影响时觉得你在夸大其词。他可能会让你“武装自己”，让自己更坚强一些，以免受到那些心怀恶意之人的伤害……

按照这种逻辑，你的施暴者接下来会经常强调你的缺点、错误或不足，并通过时不时的称赞你来进行冲抵，以免彻底激怒你。然而，“好”或“坏”的标准如此摇摆不定，以至于你常常难以进行自我定位，更不用说满足期望了，这就让你生出一种持续的、特别痛苦的无能感。游戏规则不断变化，而你却毫无怨言地忍受着这些变化。一开始，你会据理力争、试图让施暴者明白他在几天前曾向你提出过相反的要求，接着，你宁愿保持沉默，因为你意识到任何解释或回应都没用，你所有的客观化参照都会被系统地拆除，如果你坚持的话，甚至会增加对方的攻击性。

这种心理操作对于精疲力竭的受害者来说特别耗人，因为受害者永远无法依靠自己的判断力，也无法依靠他人变化不停的判断。这需要持续的过度适应，而这种过度适应大部分时间是在恐惧中进行的，并逐渐伴随着系统性做错的确信感。

于是，为了重现喘息的时刻，你学会了不再关注自己、与自己保持距离，甚至有时会切断自己的深层感受：大多数时候，你对自己的需求表现出一种完全的忽视，对那些让你感觉良好或感到快乐的东西就愈发不闻不问了。

很多人就是这样未曾深入到情绪的过度适应中而在服从的专断教育中长大的，就好像做个乖孩子、好孩子就该如此。回归自我以便了解提供给我们的东西是否与我们相符的做法已经变得完全陌生。如果我们满足对方的期望，我们就永远无法确定自己做得好。而对于我们中的一些人来说，做得不好就是做错，这是两回事。做得不好可以是探索，是创造、思考、想象、搞错（这是OK的），是想要尝试别的东西，是通过测试去理解……而不随他人所愿去做，就只是……不随他所愿去做，而不是“做得不好”。这可以是随我所愿去做，这也是好的。

自卫的第12个要诀：照顾好自己

仔细写下并保存以下记录，以便在必要时可以回溯这些笔记：

什么让你感觉良好？

什么让你感到快乐？

什么让你感觉舒适？

什么让你感到照顾好了自己？

当我问病人什么能让他们恢复力量，什么能让他们快乐或让他们感到照顾好了自己时，他们往往不知该如何回答我……在自卫的情况下，遵循以下原则至关重要：你必须问问自己，什么会让你感觉良好，什么会让你感到快乐，什么会让你感到舒适。只有回答了这些问题，你才能照顾好自己，才能了解自己并能够在需要时恢复力量。这也是自尊的一个关键所在。良好的自尊是抵御心理暴力的有力手段。

最后，另一种更具伤害性和更为隐秘的做法是诋毁你的希望和梦想，还有你的小小胜利和个人成就。这是一种常常在“保护”的幌子下实施的“软暴力”：“我不想让你在之后感到失望。”“你不觉得这个有点过分吗？”“哈哈，这小丫头还真会做梦啊……”

重要的是要意识到，所有这些我刚才描述为反复性心理暴力的“小把戏”往往都是针对儿童的……

我衷心希望，通过阅读这本书，你可以识别出伤害你的东西，也可以识别出你在不知不觉中复制的一切，这不是因为你是暴力的，而是因为你所陷入的系统基于一个共同信念，即这种行为是正常的，当这种行为是“应得的”时，它就是“合理的”。然而，我相信你现在已经明白，这种行为永远不可能是合理的，因为没有人应该在信心和自我价值感上受到如此严重的伤害，特别是如果这是一个孩子，因为孩子对你的忠诚、依赖、必然不成熟的回应和面对你这个成年人时所缺乏的防御能力，会使他更容易受到伤害。

采取行动抗击“被迫自杀”

对于精神科医生、创伤记忆与受害者学（Mémoire traumatique et victimologie）协会创始人、控制现象专家穆里尔·萨尔莫纳（Muriel Salmona）来说，心理暴力与自杀或自杀念头之间的联系是显而易见的：“自杀是创伤的一个极为普遍的后果。在暴力中，心理创伤性障碍形成，特别是我们所说的‘创伤性记忆’，既包含了受害者所经历的一切，也包含了施暴者所说、所做和所展现的一切。当创伤性记忆侵袭受害者时，施暴者的言语和暴力就可能转而攻击受害者自身[1]。”诸如“你一文不值”或“你不配活着”之类的话就这样最终完全支配了受害者，并将其推向最糟糕的境地：“受害者被施暴者的毁灭意愿所侵袭。这些话具有十足的殖民性，并可能因心理创伤性障碍本身而导致自杀。”特别是

1 穆里尔·萨尔莫纳，《了解并处理家庭暴力的心理创伤影响，以更好地保护受害女性和儿童》（Comprendre et prendre en charge l’impact psychotraumatique des violences conjugales pour mieux protéger les femmes et les enfants qui en sont victimes），收录于《家庭暴力：受保护的权力》（*Violences conjugales : le droit d'être protégée*），埃内斯蒂娜·罗奈（Ernestine RONAI）、爱德华·杜朗（Édouard DURAND），Dunod出版社，巴黎，2017年。

"如果受害者处于完全解离的状态中，因而会与自己的情绪脱节：他们更容易被创伤性记忆的情绪所侵袭，却无法保护自己免受这些情绪的侵害"。

格雷内尔反家暴机制：终于立法了

"被迫自杀"体现出家庭内精神骚扰的演变，这种骚扰会导致受害者自杀或企图自杀。这要么是因为施暴者以明确的煽动促使受害者自杀，要么是因为无法摆脱控制的受害者为了让暴力停止而被迫自杀。根据律师耶尔·梅鲁（Yael Mellul）的说法，"被迫自杀实际上是对受害者施加的心理暴力（羞辱、侮辱、孤立、勒索等）所导致的结果。受害者的自杀就像是一种为了从所遭受的痛苦中解脱出来的终极行为，同时也会因为羞耻和内疚变得无法忍受"。

因此，法国关于配偶精神骚扰的法律在2019年格雷内尔反家暴机制的框架内发生了演变，增加了一个加重处罚的情节：如果发生自杀或企图自杀，现在允许巡回法庭对肇事者进行审判。因此，被迫自杀作为精神骚扰的加重情节，现在可被判处10年监禁和15万欧元的罚款。

在法国，已公布的数字中并不包括在遭受家庭暴力后自杀的受害者。因此，根据独立专家委员会的报告，如果将被迫自杀的人计算在内的话，2018年在法国因家庭暴力死亡的女性就不会是121名，而是几乎三倍于此，也就是338人。这额外的217名女性是为了逃离所遭受的暴力或被施暴者反复煽动而实施自杀的。

女权团体协会（CF，Collectif Féministe）则进行了一项独立调查，调查数据和分析结果令人震惊：在对调查作出回复的584名家暴受害者中（其中94.5%为女性），超过62%的人因心理暴力而感到内疚；90%的人确定能够识别出伴侣的贬低机制；威胁（74%）、勒索（73.5%）、极端嫉妒（58.6%）、孤立（61.5%）以及谎言（77.4%），这一切将受害者禁锢在一种令人产生负罪感的模式中。

该协会的研究人员解释说，有几个因素可以解释自杀念头的出现和自杀行为的可能实施。首先是一种“希望一切都停止”的愿望，因而，结束痛苦在受害者看来就是一种“解脱”，是让这种暴力停止的唯一办法。再者是一种强烈的疲惫感，在经受这种疲惫感的过程中，自杀就像是一种消失而获得安宁、最终得以休息的可能性。

另一方面，重复的机制也让受害者筋疲力尽，并将他们禁锢在一种痛苦中，这种痛苦会因没可能抵消的疲惫感而成倍增加。表面看来，自杀似乎是重新控制局势的唯一可能：受害者感到如此无助，以至于感到自己失去了理智（“他是对的，我疯了”）、无法应对攻击并说不、无法离开并控制自己的想法和心理状态。受害者觉得自己无法再控制生活中的任何事情了。

雅典娜的亲身经历

几年前，雅典娜经历了来自公公的闻所未闻的心理、身体和性暴力。她为公公工作，她的公寓和公公的公寓同在一栋楼。当公公得知她和一个家庭成员以外的男人成为朋友的时候，就开始以超乎想象的方式对她进行骚扰，并剥夺了她所有的自由。雅典娜拿出巨大的勇气逃离了。她正在慢慢地重建自己，让这场噩梦渐渐远离，享受前所未有的生活。

当我的公公得知我和P成为朋友时，他顿时就发疯了。他强迫我儿子在他和他妻子的家里睡觉。他缠着我问了很多关于我们是如何成为朋友、关于我们友谊的问题。我试图撒谎，但最后我崩溃了。他禁止我出门。他拿走了我公寓的钥匙，所以我必须去找他拿钥匙才能出门，之后再返回我的公寓。他说："你在出去之前必须告诉我要去哪里、去做什么、和谁一起。一个外人是不可能成为你的朋友的。家庭核心以外的任何人都是外人，而任何外人对这个家庭来说都是危险的。"我有什么话只能对他说，而且无论什么事情都得告诉他。我什么事都得告诉他。

因为我为他工作，他就要求我比所有人先到公司，在所有人之后走。这相当于我每周工作将近80个小时。他还跟我解释说，我婆婆会照顾我的儿子，因为我工作太忙，无法照顾他。他跟我说："你现在的生活将会是地狱。"当我完成工作之后，晚上，他会强迫我坐他的车去兜一圈，他会把车停下，然后再次问我，问很久。他会试图交叉核对我告诉他的所有信息，看我是不是在撒谎。我们很晚才回去，而第二天我很早就要开始工作。

自从他没收了我的手机，我就与外界失去了联系。他对我的监视从未放松过。每次我的眼神因为疲倦而飘忽时，他就会问我在看什么，我是不是看到我朋友在街上、我是不是在想我朋友……他有时会在晚上突然来到我的公寓，然后把我叫醒，不停地问我问题，因为他无时无刻都会冒出些想法，所以他一想到什么，就必须立刻叫醒我，好让我回答他的那些疑问。我当时处于一种精疲力竭的状态。

有时他会对我说："你，上楼去。"我就上楼到他家里，不知道会发生什么。每次他叫我，我都会想：会发生什么？这种遭遇危险的感觉一刻都不曾停过。我感到非常非常孤独，完全曝露在他的暴力和愤怒之下。他还跟我说，如果我离开，别人就会对我指指点点，所有的人都会说我是个“婊子”。他设法让我相信，我所做的事情是极其糟糕的，在别人眼里我什么都不是。我不敢正眼看我的同事，我感到羞耻。我竭尽所能地在我儿子面前表现得开心。

一天晚上，他因为受不了我和别人说话而狠狠打了我，他妻子就睡在隔壁。我在公寓里大喊，但她没有干预。他把我带到露台上，把我摁在地上。我想逃，但却做不到。我走进厨房，他把我摁在推拉门上打。然后，他把我拎到过道上，因为他要马上去找我那个朋友。我大喊着“不要”，并紧紧抓着墙和其他所有我可以抓住的东西。我从来没有感到如此孤独、害怕和羞愧过，我从来没有对自己说过我想死。他跟我说：“你儿子，等他长大以后，我会告诉他你都做了什么，当妈的人是不会这么做的。等你儿子知道了，他会为你的所作所为感到羞耻。我老婆会比你更好地照顾你儿子。这就是以善报恶，你是在帮你儿子的忙，你明白吗？有个婊子妈，不如没有妈。他最后跟我说，我所要做的就是去自杀。他提出帮我挂绳子：“我会给你一条绳子，这样你就可以上吊了”。

几个星期了，他一直让我身心俱疲。他跟我说，我可以留下慢慢死，也可以逃走，但他会找到我并杀了我。我唯一的出路就是死在外面，或者死在家里。所有这些事情的不断积累、孤独无助的感觉、不能出门、没有电话、没有行动或联系外界的自由、没有亲人的支持，都让我无时无刻不感到自己没有任何出路，再加上对自己的可怕看法——他在我身上制造的这种看法，我想象着自己未来的生活，我知道我永远无法拥有它。我跟自己说我要自杀，这样一切就都结束了。他让我去自杀，不是作为一种挑战，而是他帮我的一个忙。我有时也想向他证明我有足够的力量去这么做，我可以做到。当我的脑海中闪过自杀的念头时、当我觉得除了自杀没有什么可做时，我也觉得没了我会让他更难受。一开始我很害怕，但后来，死亡的念头不再让我害怕。

我吃了很多药，我丈夫试图叫醒我，但我没有反应。他下楼对他的父亲说："她要那样做了！她要自杀了！"而他的父亲回答说，如果我真的自杀了，那就证明我和我那个朋友睡过。阻止我没有去死的原因，是我感到如果我死了，就没有人能说出真相了，我就会任由他一个人去讲述发生的事情，任由他去讲述他那虚假的真相，这对我是非常不公平的，最重要的是，我的孩子会任由他摆布。我不想让他在我无法干涉孩子教育的情况下去抚养孩子。过了一会儿，我醒了过来，我丈夫对我说："如果你这么做了，我父亲会认为你和那个男的睡过。"这句话击中了我。我不想让他拥有讲述他那卑鄙真相的权利，我不能让我的儿子落入他的魔掌。

当我和我现在的伴侣谈论这些事件时，我告诉他，现在，无论什么时候，即便是在最低谷，我都不会想死。我知道我永远都不会去死。我在灵魂深处已经成为一名战士。我很高兴自己没有让他掌控我的生活，没有让他得到我的一切，甚至是我自己的孩子和我自己的生活。我夺回了我的权利。

今天，如果我能跟当时的那个雅典娜说说话，我会告诉她当时应选择离开、跟其他人说说、跟她的父母说说、不要害怕他。他看起来很强大、很有力、坚不可摧，但他只是虚弱而已。离开是我能对他做出的最大的羞辱。我觉得他从来没有想象过我有能力离开。但事实上，我比他更坚强。

这种心理控制导致自尊的全盘崩溃，使得受害者真的相信自己毫无价值，是个糟糕的人，不配活下去。有时候，自我贬低会让受害者真的认为仅仅是自己的存在就已经给其他人带来了痛苦。

最后，没有施暴者就无法生活的想法导致反复的决裂和回归，最终使受害者无法展望一个有所不同的未来。在孩子遭受心理暴力的情况下，这种依赖就愈发明显：孩子知道没有母亲自己就生活不下去，即便他可以（例如在青春期），社会也不会允许他那样去做。

自卫的第13个要诀：拯救自己！

有几个因素，你应该把它们视为一种绝对的警示：它们在提醒你远离施暴者或离开他，如果可能的话，立即离开。所有这些迹象都包括死亡威胁，无论是真实的、象征性的，还是心理上的（参见第144页关于心理死亡的章节）。

如果你曾有过这样的感觉：你可能会因为这段关系对你造成的影响而死，那么在得出这个结论之后，你必须尽快采取强有力的行动。

这种濒死感觉的出现可能出于以下几种原因：

- 因为你感到伤害性的话语、暴力的情境会耗尽你所有的力量，而你正陷入一种严重的心理情绪衰竭综合征；

- 因为你感到对方可能会杀了你，这让你感到恐惧（即使你认为这种恐惧是不合理的，但这已然是充分的理由）；
- 因为施暴者告诉你，你不配活着、你应该结束自己的生命、没有你世界会更好，或者你死了会更好；
- 因为你感到自己的内心正在死去、正在丧失所有的身份、不再知道你是谁或你想要什么；
- 因为你深深地感到自己完全失去了理智，实实在在地担心自己如果继续处于这种状况中就会真的疯掉。
- 如果在暴力关系中出现这些迹象中的任何一个，你就不能再等待事情会有所好转了：你已经真实地处于严重的死亡危险之中。

被动攻击模式，一种不成熟和挑衅的态度

当一个人通过沉默、冷漠、嘲讽或疏远而有意忽略伴侣对建立关系的需求和期望时，其行为可以被描述为“被动攻击型”。这种态度往往源于反刍式愤怒而非口头表达出的愤怒，其常见的特征是间接式的，对对话者带有不信任的交流：“你看起来很累，你晚上都在做什么？”“啊，是吗？你干了这事儿？（当你知道他对此不赞成时）。”这种态度会让持有

这种态度的人的身边之人筋疲力尽，因为它不允许有任何回应，因为它对情绪状态或造成这种情绪的原因是晦涩不明的。

受害者难以忍受的角色颠倒

面对此类行为，你殚精竭虑地试图建立一种联系、一种关系，为一个未言明的问题寻找解决办法，同时与身处问题根源的感觉抗争，因为这种攻击性的一部分显然转向了你。你感到一种对自己的愤怒，你知道自己愤怒的原因，但不知道为什么无法重建关系。渐渐地，一旦你的无助感达到顶峰，你就会失去理智并最终彻底失控。

不幸的是，当你走到这一步，你的对话者非但没有审视自己，反而观察起你来，仿佛你已经不再理智、你的态度完全不合时宜，你对此无法真正地否认，因为他没有说出任何明显的冒犯话语，而你却过了头或爆发了。然而，这种攻击是真实而反复的，而且还带着侮辱和蔑视。这是一种更为隐蔽的暴力关系，因为在外界看来，受害者似乎才是刽子手，因为他最终无计可施了……

一些理论家将这种被动攻击行为总结为："我说是，但我不做。"做出这种行为的人热衷于扮演一种抵抗、嘲弄，甚至挑衅的幼稚角色，将其受害者置于刽子手、迫害者的位置，但后者通常觉得自己才是被攻击的人。这种角色的颠倒让受害者愈发难以忍受，因为它反映出一种完全的不公，并剥夺了受害者为自己辩护的所有可能性，因为它会强化施暴者的目标：让受害者保持恶棍的角色。而这种不公的感觉找不到任何可以证明其真实性的确凿证据，而且被心理施暴者一再地挫败，让受害者感到自己变得疯狂、偏执、易感，并在情绪上完全失控。

当然，我们每个人都会偶尔表现出被动攻击行为，尤其是当愤怒的爆发对我们来说似乎是合理的，但却既不可能也不被允许时。当这些行为重复出现并成为一种常见的运转模式时，关系就会出现问题，并耗尽受害者的所有能量，甚至会让他害怕自己失去理智。

事实上，这种态度所产生的痛苦和恼怒通常被归咎于作为受害者的那个人，而角色的颠倒对其身份造成了伤害，这就使之成为一种心理暴力。

李逵还是李鬼？

如果你是被动攻击行为的受害者，那么攻击者的几种态度会模糊你的定位并导致你的角色颠覆：你相信自己是刽子手，但你只是反常行为的受害者。

请注意以下迹象：

◉ 他扮演受害者或试图迷惑你但不用负责任；

◉ 他用只有你才明白的只言片语来羞辱你（在公共场合或在朋友面前影射一些你私下告诉他的事情）；

◉ 他通过“无声的惩罚”让你明白，你正在因为你的“不良行为”而受到纠正或惩罚，而你却不知道如何识别哪些是不良行为或这种指责是否合理，因为在他自己的价值体系中，这种行为是糟糕的，在这个体系中，只有他的利益才是有价值的；

◉ 为了向你表达他的反对，他的肢体语言是具有威胁性的，尽管他对此矢口否认。你不再知道暴力在何处，因为它从来没有完全体现出来，而只是被感觉到。因此，你对自己的感觉失去了所有的信心，你无法再相信自己，也无法再评估自己的判断力，即使是只涉及你的事情；

◉ 他交替表现出眷恋和漠然的温情、冷淡和疏远；

◉ 他不断把自己遇到的困难推给你，这让你感到自己是唯一应该质疑自己并尝试做出

> 努力的人；
>
> ◉ 当他生气时，所有的沟通渠道都被切断了：他不再说话，不再碰你，不再看你，不再理会你，这让你处于一种完全无法走出冲突关系的境地。

我爱你，我并不：变相的心理暴力

我们继续进行心理暴力的概述，接下来是那些清楚地表明你的存在既不受欢迎也不被期待的态度，这与爱完全相反……记住，想要感到被爱，你需要完全地、没有保留地，并以一种衷心欢喜的形式被接纳。以反复、打压和伤害性的方式向你表达“你不是一件礼物”、他/她在其他地方或与其他人在一起会更好、你是他们生活中的负担等态度，都是心理暴力，即便它们是以变相的方式表达出来的。

例如，当你说话时，他/她翻着白眼不予评论，或在你提出问题时拒绝回答。当你问及不回答的原因时，他们给出的解释会从“我没听到”到“那没意思”，带着这两个极点之间可能存在的所有细微差别。施暴者也可能表现得对你的幸福“过敏”，当你心情大好地醒来或哼唱，或只是为即将到来的一刻、某项个人成就感到高兴时，他就会抱怨、嘟嘟囔囔或哼哼唧唧。当你讲述一次积极的体验、一个有价值的反馈或一个让你感觉良好的事件时，他可能表现得漠然或冷酷。

但施暴者会比这更狡猾，比如，他可能会装出一副热情、礼貌、善意或专注的样子，在你面前以打压的方式称赞其他人，有时还会拿你跟他们进行比较。

这些态度中最有问题的因素之一，以及使得这些因素构成威胁心理完整性暴力的，是它们与众多其他表达对存在、专属关注甚至融合的要求的行为完全相悖。这两种自相矛盾的要求的并存会让人失去理智。在某些方面，他/她让你觉得自己对对方是不可或缺的，而他/她的行为或个性的其他方面则在贬低你，并让你觉得你在他/她的生活中是多余的。

克莱芒的亲身经历

父母离婚的时候，我2岁。我从小是在母亲和继父的屋檐下长大的。我从来没有邀请过任何朋友到家里来。他迈着沉重的步伐走上楼梯；我养成了发现每一个新的藏身之处的习惯，找到那些他藏起来不让我碰的东西——遥控器、饼干、巧克力、安全密码、电脑——并在他回来之前把它们放回去。然后他就会在屋子里快速无声地走一圈，然后开始发表他的言论，声音大到足以让躲在自己房间里的我听到。

“一切都必须保持整洁，门要关上。”他以贬低和胁迫我为乐，如果我的东西放在地板上，他就会去踢我的东西，让我去花园里吹口哨或在地下室里吹笛子。我记得，他每天晚上都会估计我需要多长时间才能洗漱完，时间一到就会来敲浴室的门。

在我们一起生活的20年里，他从来没有征求过我的意见，也没有主动靠近过我，除非我母亲要求他那么做或他觉得自己必须这么做。还是孩子的我曾经一遍又一遍地列出他口头禅的清单。

从那以后，我知道自己难以应对权威；我无法适应等级制度，我害怕每天都要顺从，在任何时候，我都会怀疑自己做事或做人的合理性。我很难对所爱之人付出自己的感情并珍视自己，当我和这个男人共处一室时就更难了。

这并不意味着我做不成手里的事情，我是通过克服对失败的恐惧才做成的。

依赖关系的建立

心理暴力的实施者往往生活在另一个人只为他而活的

幻想中。施暴者不断将自己置于多少加以掩饰的排他性要求中，在关系的早期阶段，这种要求往往被解释为爱。无论是父母、配偶还是上级，你都很可能已经在他们那里见到过这种绝对的排他性的要求。它通常非常强烈，但很少以明显的方式表现出来：诸如“你慢慢来”或“你随意”等此类话语，在几个小时后就变成了“你永远都没有时间给我”……

融合的幻想

当你没有以所期望的方式和所希望的频率回应这种排他性要求时、如果你被他以外的东西占据，或者做了他不赞成的事情，你就会受到惩罚，往往是以一种被动攻击的模式进行的：你能感觉到并没有明确向你表达出来不赞成。例如，施暴者会在情绪上表现出疏远、冷漠、嘲讽或遥不可及。这种态度令人困惑，因为它常常出现在高度融合或相互牵连的重大声明之后，施暴者因此在这些时刻暴露了自己，从而削弱了自己（“我不能没有你……”）。

作为你让他感到自己被抛弃的回应，他会让你感到被拒绝。例如，他会违背对你做出的承诺，或更直接地用威胁抛弃你的方式来惩罚或吓唬你。

这些态度是施暴者一种严重的、无意识的和非常痛苦的心理不成熟所导致的结果。这些态度可能是由施暴者在婴儿时期无法“掌控”的父母造成的。事实上，婴儿在某种程度上控制和操纵着他的母亲，但是以一种完全健康的方式：母亲对婴儿抱有全然的赞赏、被他所吸引，他的快乐和满足给了她一种难以言表的成就感。

如果这种关系动力在婴儿6至8个月大之前未能得到良好发展，婴儿可能会在以后面对他所有的感情对象时情不自禁地想要不断重现这种关系动力。但这种做法的结果并不会令人满意：首先是因为，一旦成年，一个平衡的人不会允许自己被人控制；其次是因为，他获得的是精神上的痛苦而不是满足，而且没有在正确的时间指向正确的人。那个生命阶段已经过去，父母的疏远使这种融合成为不可能，这种融合给人在生存中提供了安全感，让人得以在未来拥有自主性。

对融合的内心需求让施暴者变得脆弱，使他对受害者充满了无限的愤怒，这是他小时候无法对父母表达愤怒的投射。

对受害者的逐渐孤立：一场精神绑架

融合的需求和随之而来的排他性需求的逻辑后果往往是受害者逐渐被孤立。施暴者无法忍受你可以对别人倾诉，你有可以对其敞开心扉并能够理解你的亲密朋友，你有可以对其吐露私事并给予你支持的照顾者或心理治疗师。因此，施暴者会使出浑身解数去诋毁你的朋友、家人、同事或其他任何你乐于与之共度时光并给你支持和安慰的人。

如果这种策略还不足以“独占你”，施暴者就会试图从另一个角度去破坏关系：在你的父母、心理医生、老板或兄弟姐妹面前对你说三道四。施暴者还会跟他的朋友说坏话，好让他们不再想来看望你，或让你不再希望在他面前进行任何社交活动。

你渐渐陷入孤立的状态，每一次爆发都会让你周围的人感到气愤。你渐渐地不再诉说自己的苦恼，也不再寻求安慰。这既是为了避免施暴者发怒，也是为了避免让你所爱的人受到伤害。最终，你尝试不去做任何可能让施暴者恼怒的事情——但并不是每次都能做到。

就这样，一种类似于“精神绑架”的关系得以形成：你待在家里，施暴者在你毫不知情的情况下在外自由游荡。他总是要求你回答他的问题（“你去哪里了？”“你要去哪里？”），但他会一直拒绝回答你的问题。

当关系严重恶化或你试图重新获得行动自由时，施暴者就会以微妙的方式进行威胁或给出负面评论，目的是为了吓唬你或控制你，有时还会以让你担心为乐，从而强化著名的卡普曼三角的迫害者——受害者的心理游戏[1]。

此外，你所有的关系互动都会受到他的监控，因此你在他面前没有秘密可言——一切都被他精心设计和控制着。你最终不会对他隐瞒任何事情（这也是一种心理暴力），或是每当你对他有所隐瞒（即便你有充分的理由）都会忐忑不安。

艾玛的亲身经历

艾玛是一名创业者和艺术家。她刚刚借着怀孕和堕胎的机会走出一段控制型关系。

五年前认识莱奥的时候，我刚刚来到波尔多，之前我在南美待了四年。当时我正在找工作，在这个陌生的城市里真的感到很迷茫。很快，我和莱奥就形影不离了。因为我们是同行，他决定让我到他的公司工作。我是他的助理，他是我的上司。仅仅一个月后，我们就住在一起了，我们分享一切，这种初期的融合并没有让我不高兴。在工作中，他通常很严厉，要求很高，但我很容易就能接受他的命令。

1　参见第91页。

我们之间爆发的第一次非常激烈的争执是关于我的几个仍然是朋友的前任。他又喊又叫，并强烈要求我完全断绝和他们的联系。我当时吓坏了，我从来没见过那样的暴怒，当时我尤其害怕失去他……我听了他的话。

我们在一起六个月后，他计划买一套公寓，而且想和我一起买。我很不情愿，我不想这么做，更为重要的是我负担不起。我知道，如果我不接受，他就会把这种拒绝视作我不再爱他的铁证。然后，为了逼迫我答应，他开始以出轨相要挟："我会找一个愿意和我一起努力的人；难道你看不出来，我向你提议买房是一种非常慷慨的举动，我把你纳入我的计划里了。"我最终不情愿地让步了，但事情非但没有好转，反而越来越糟。莱奥经常暴怒。我自己则越来越频繁地屈服和哭泣；我不明白他想要我怎样，我害怕极了。他开始控制我生活的方方面面，从我的工作到外出，还有我的朋友。早上，他经常会询问我一天的日程，每天给我打好多次电话（有时多达17次），好知道我在做什么或在哪里，他借口说这么做是为了我的安康。他诋毁我已经开始疏远的家人和朋友，因为按照他的说法，"他们试图破坏我们的关系"。

我感到自己正在一天天、一点点地失去自我，而我却对此无能为力。第一次羞辱当然让我很反感，但接下来的羞辱我却毫无怨言地接受了，暴力成了我们日常生活的一部分……我所做的一切都做得不好，所以我每次醒来都怕自己说错、做错什么会惹得他大发雷霆。这不是伴侣间的争吵，而是对我发作的暴怒。

记得有一次，他把我的手机砸在地上，因为我用了太久手机（和我妹妹打四分钟的电话是他的忍耐极限，之后他就开始喊叫，我全身的肌肉都会绷紧，我会找个借口尽快挂断电话）；还有一次，他在我面前砸烂了一把椅子。

我越是封闭自己，就越想寻找喘息的空间，有时不得不为此撒谎，于是他就越发不依不饶……我觉得自己被莱奥耗尽了；我想，这就是他对伴侣的看法：他，吞噬掉我这个人，且正在慢慢摧毁我的融合。而我越是听话，他就越会诋毁我："反正吧，和你在一起，只有攻击才行得通。"

我"承蒙"他在公开场合、在我的朋友和家人面前苛待我，我有时会跟他们抱怨，但后来跟他们渐渐地疏远了，因为每次爆发过后，我都羞愧得要死，最后总是会回心转意，为他的暴力行径找借口。

五年过去了，在这五年里，我眼见着自己毫无反应地慢慢死去。我甚至羞于独自去喝一杯咖啡：这是属于我的时间，"自私的时间"，就像莱奥不断告诉我的那样。我无法再为自己考虑，我满腹心思地考虑如何让他满意。

我幡然醒悟是在发现自己怀孕的时候。这个消息让他平静下来，他看起来挺高兴，变得温柔了一些……但这只持续了几天。他利用我的早孕期变本加厉地逼迫我：“你会趁机不去工作，你会在九个月里抱怨不休。”

那一刻我明白了，他不会放过我，即使我怀孕了，他也不会照顾我，特别是，我都忍了这么多年（我自己选的），我会强加给他一个他从来都不想要的孩子，所以我决定离开。我收拾自己东西的时候已经忘记了前一天的一大半痛苦。恐惧对我的影响之一就是，第二天我就会忘记一切，我甚至不得不开始在一个笔记本上写下我的“记忆”。我意识到我所经历的事情并不正常。我在网上查找了很多资料，偶然发现了一个关于心理暴力的讲座。我从头哭到尾，对每一个描述都能产生共鸣，当看到这种恶行有名有姓的时候，我心里的石头落了地。堕胎的决定来得很快，我做出这个决定时心中没有任何疑虑，我知道我不想把这种生活强加给孩子，更不想保留这种和莱奥永远无法斩断的关系。几天后，我找回了独立思考的能力，我写了很多，为的是提醒自己他对我造成的伤害，我用堕胎来提醒自己，我选择这条艰难的道路不是为了回到从前。我知道，我所做的事情是无法反悔的。

如今，每一天都是一次我必须面对的小小冒险，我在幸福的时刻和深深的悲伤之间摇摆不定，但我知道，这些艰难的时刻和我在他身边感到的死亡冲动相比根本算不了什么。我对此坚信不疑，我尝试找回自己的渴望和愿望。我知道，这条道路会很漫长……

这种态度会让你时不时地感觉到我们所说的“创伤性妄想”。心理暴力的受害者马上就能明白这个说法的含义：你认为他看到了你隐藏的东西，认为他有通灵或心灵感应的能力，这让你害怕自己会失去理智。在你永远无法平静的内心世界里，你不再是一个人。

你看看吧，我有多好……

心理暴力的实施者总是在保护自己。对他来说，被揭穿是如此令人难以忍受，以至于最轻微的指责或最轻微的质疑都会被他当作不可接受的大不敬之罪。他永远不会重视你，但你必须重视他。你会很容易地发现，这类人的共同点之一就是，他们无法被视作“不好”：他们不可能犯错，他们不可能做坏事或做错事，是因为你不尊重、忘恩负义或刻薄的态度迫使他们去伤害你的。这很正常，因为你的行为很糟糕。他们不是坏人，你才是。

心理暴力的实施者往往在心理和情感上都非常不成熟，因而在你试图就他让你遭受的一切寻求解释时、当你指责他或试图设置界限时，他就会很容易陷入狂怒中。他在这方面是异常敏感的……而他愤怒的程度恰好证明了这一点。事实上，你认为只有占理的那个人才会陷入如此的狂怒，于是你开始质疑自己，致使你更加脆弱的循环悲剧再次开始。

有时候，愤怒可以保持冷漠或平静，但它在心理上是如此暴力，以至于会造成如此之深的伤害。施暴者会像技术娴熟且训练有素的研究人员一样探测你的缺陷，以一种坚持不懈和无法抵挡的方式把这些缺陷呈现给你：你的任何反应都无法弥补你的为人和行事。于是，讨论就无可转圜地走进了死胡同：问题的所在不再是他做了什么，而是你做错了什么。辩论结束，你站着就被K.O.了。

出于同样的原因，施暴者往往无法容忍任何表面上的不尊重，很少表现出自我观察和自我质疑的能力。但是，他会检查并记住所有你做得不好或做得欠妥的事情，他甚至可以在多年后再翻旧账。因为他“无法看到自己的行为”，如果你抓了他的现行并试图小心翼翼地指出他的不当之处，他就会编造借口为自己的行为辩解，并把错处归咎于总是惹他暴怒的其他人。

作为这种态度的延伸，施暴者遇到的所有困难都在你身上变得具体化：他把自己的问题、选择、不满和哪怕是最小的决定都归咎于你，在面对自己的情绪暴力行为时，他要么轻描淡写，要么矢口否认。

骚扰与网络霸凌：小心，危险！

与这些不同的心理迫害机制相一致，骚扰也是一种极端暴力的操控行为，玛丽－法兰丝·伊里戈扬将其定义为一种“表现为可能损害一个人的人格、尊严、身体或心理完整性的行为、言语、举止、行为、文字的虐待性做法。”[1]精神骚扰通常被等同于职场骚扰，因此，自2002年以来，精神骚扰在法国被纳入法律框架，而且法国的《劳动法》中也加入了一条相关的法规[2]。

骚扰是指通过定期和不间断的接触以折磨受害者。孤立地去看，这些事件可能几近微不足道，这就是为什么被骚扰者的亲近之人需要很长时间才会注意到或确认骚扰的存在，而且甚至可能完全没有注意到它的存在。因此，受害者将自己禁锢在虐待性的运转之中，因为他不敢“大惊

1 玛丽－法兰丝·伊里戈扬，《精神骚扰，日常生活中的恶意暴力》（*Le harcèlement moral. La violence perverse au quotidien*），Syros出版社，巴黎，1998年。

2 2002年1月17日关于社会现代化的第2002–73号法令是法国若斯潘（Jospin）政府颁布的关于劳动权、健康和住房的法律。

小怪”……但造成异常严重且往往具有创伤性的（自尊的突然下降、倦怠、抑郁等）心理伤害的，与其说是行为或言语的残暴，不如说是不断地重复。这种机制最终粉碎了受害者的意志，令其陷入呆滞、无助的状态，并在面对自己永远无法摆脱的感觉时，常常出现黑暗的想法或强烈的赴死渴望。

诺拉的亲身经历

诺拉26岁。在中学的那几年里，她遭受了精神骚扰，直到不久前，在治疗师的帮助下，她才说了出来。

我们通常把郁郁寡欢定义成一种内心的空虚。但在中学时，我觉得自己更像是被一层沉重的水泥给填满了，这让我窒息，让我无法感受，使得很多情绪都无法表达出来。这层水泥阻止了我脆弱的内心和让人痛苦的现实产生任何接触。

所以，当同班同学大声宣布输了游戏的人得“在操场尽头欺负诺拉”，而输了游戏的那个人觉得这种做法令人作呕的时候，我会到厕所去哭，很奇怪，我并没有把我的眼泪和我刚刚听到的关于我的言论联系起来。

在内心深处，我觉得自己太敏感了，感觉“我总是无缘无故地哭”，就像之前别人告诉我的那样。

老实说，当我从卧室的窗户探身出去，想象着如果我从四楼摔下去砸在下面会是什么样子时，我从没想过可能存在某个并非源自我的问题。

直到高中，我才能够说出我被“害”了，就像他们在学校里说的那样，又过了11年，我才能够更准确地说出我被骚扰了。

现在，除了“传统”的霸凌之外，又有了网络霸凌，尤其是在校园里。最近发表在《临床精神病学杂志》上的一项研究[1]表明，网络霸凌能够显著加剧青少年抑郁症和创伤后压力的症状。研究人员在网络霸凌和参与该研究的青少年患者（均因陷入严重的精神痛苦而住院）花在社交网络上的时间和童年时遭受创伤性经历的可能性之间建立了联系。

与没有遭受过网络霸凌的人相比，网络霸凌受害者在创伤后应激障碍、抑郁和愤怒方面的严重程度明显更高。因此，在接受调查的年轻患者中，有近四分之一的人声称

1　萨曼莎·布洛克·萨尔茨（Samantha Block Saltz）、玛利亚·罗尊（Maria Rozon）、大卫·L.波格（David L. Pogge）和菲利普·D.哈维（Philip D. Harvey），《网络霸凌及其与当前症状和早期生命创伤史的关系：关于急性住院精神病科青少年的研究》（*Cyberbullying and its Relationship to Current Symptoms and History of Early Life Trauma: A Study of Adolescents in an Acute Inpatient Psychiatric Unit*），《临床精神病学杂志》（*Journal of Clinical Psychiatry*），2020年。

在住院前的两个月中曾遭受网络霸凌。一半参与调查的患者收到过骚扰短信，而另一半则在Facebook或Instagram上遭受过这种形式的霸凌。通过即时聊天应用程序交换照片、视频或信息也被认为有助于催生网络霸凌。

该研究最令人不安的发现之一是，这些遭受过网络霸凌的青少年（他们所有人！）还被报告都曾在童年时遭受过来自家庭内部的心理暴力（不断地指责、威胁、羞辱、情感匮乏等）。其他类型的创伤（身体暴力、性暴力、情感或身体忽视）则与青春期遭受网络霸凌的更高风险没有关联。

我认为有必要在此对这些统计数据加以强调，它们证实了我在本书开篇时提出的假设：如果你在童年期经历过心理暴力，如果心理暴力让你变得脆弱，尤其是在自尊和自我价值感上，如果你无法逃离这种暴力的氛围，哪怕只是短短几天，逃到监护人（比如关心你的家人、关心你的老师……）身边，你在成年后就会更容易受到心理暴力的伤害，尤其容易受到霸凌的伤害，因为你已经习惯于为了生存而忍受欺凌：你的大脑已经把心理暴力当作情感关系中不可避免的一部分。对你来说，这已经成为某种“舒适区”，或至少是“已知区”：你身在你知道的事物中，没有意外惊喜，你知道当有人说爱你时就会是这个样子。

你任人说、任人行事、任人操控……为了摆脱这种境况，你会一直等到感觉自己可能会死，感觉留下来比离开更危险，而这可能需要很长时间。你的抗逆力越强，你的潜力越大，你越会多向思考[1]，你就会在认识你和爱你并拒绝承认你可以忍受如此对待的人的普遍不理解中坚持得越久。

欺凌，机构化暴力的症状

洛朗斯·迪戴克，教育心理学家

“你知道，孩子们对待彼此都很刻薄……”这句话你听过（或可能说过）多少次，它是一句被普遍接受为民间智慧的话？这种信念认为，如果一个孩子与其他孩子不同（无论是更矮、更胖、更瘦、更聪明，还是穿着不同、有口音、口齿不清、肤色与大多数人不同、非标准的社会指标，有时甚至只是因为刚刚来到一个学校或城镇……），其他孩子就会排斥他、嘲笑他、辱骂他，有时甚至还会打他：这些形式各异的暴力一旦重复实施，就会构成霸凌。

因此，这种信念暗示，对与众不同之人施加的暴力是人在孩童时期所固有的，因为“孩子们对待彼此都很刻薄”，就好像残忍是孩子的天性。这是一种通过将这些行为

---

1 这一概念的提出者是克莉司德·布提可南（Christel Petitcollin），《多向思考者：高敏感人群的内心世界》（*Je pense trop : comment canaliser ce mental envahissant*），Guy Trédaniel出版社，巴黎，2010年。中文版由北京联合出版公司出版，杨蛰译，2018年。

视作无可避免地来对其进行强化的暗示，这种暗示将儿童（没有任何权力）污名化，并免除了成人和机构（掌握权力）的责任。这正是症结所在：一个孩子在一个群体中受到虐待（被一个或多个个体虐待，而群体并没有采取行动去保护他），是因为整个群体都试图将遭受虐待的孩子带入到一种规范之中，而这一规范的概念是由成人强加的！不是因为差异困扰了个别儿童，而是因为他们不自觉地响应了一个指令：强迫他人符合对所有人的期望。

造成这种群体对“不合群者”施加暴力的原因并非差异本身，而是儿童共情的缺乏，他们不知共情为何物，因为他们自己的情绪没有被人顾念，还有就是强加给儿童的指令（通过教育：父母、学校、社会等级……所有这些都通过电视和媒体，特别是广告隐秘地实施着）的严苛，以迫使他们达到强加给群体的标准。

在儿童被推向竞争的社会结构中，竞争的机构化程度越高（通过奖励、评级、比较和排名等系统），暴力就会越多地反映在儿童的行为上，并产生一种反常和矛盾的效果：成人构建了一个矛盾的环境，在这个环境中，压制差异的无意识指令与诸如“善待彼此”的口头指令狭路相逢。

因此，成年人负有调整集体运转（以及其中的个体的运转）的责任，以便让每个人都能找到自己的位置，与并非自己的其他人和谐相处。要做到这一点，光是“传道”是不够的，还需以身作则、唤起共情，并一起付诸行动。

霸凌和歧视是机构化暴力的症状，而非原因。在一个群体中，当一个个体在遭受痛苦，群体领导者的责任就是阻断痛苦的继续：一所在发现欺凌个案的情况下仍继续“正常”运转的学校就不再是一个健康的教育空间，而是一个传递出反常教育信息的系统，在这一系统中，享受他人的痛苦被正常化。相互关爱应当是远远胜过其他的教育优先事项。

——摘自在丹吉尔举行的一次研讨会的发言稿

摩洛哥，2020年2月

第四章

心理暴力的后果

当一个人面临死亡或对死亡产生恐惧时，或当其身体完整性或与其亲近之人的身体或情感的完整性受到威胁时，这一事件就是创伤性的。通常，这一事件也会引起与无助感相关的强烈恐惧。

所有的心理创伤都有一个共同点，那就是整合事件的能力已经超出了你的心理承受范围。这指的是过于汹涌而无法被吸收的情绪超出你通常防御的管控：由于创伤性的冲击，你被置于一种无法作出适当反应的状态中。你发现自己以某种方式，即便是非常分散和象征性的方式，面临着死亡的可能性，要么是因为心理上的痛苦，要么是因为现实生活中可能导致死亡的意外。

在心理暴力的情境中，这涉及的往往是一种令人恐惧的象征性死亡：核心身份的死亡。但是，心理暴力的受害者有时会惧怕真的死去，惧怕痛苦或精神折磨，而所遭受的暴力会导致非常严重的阴暗想法，这些想法有时会以自杀告终。因此，心理暴力对一个人的心理和身体完整性构成了真正的威胁。

反复与“复杂性”创伤

正是创伤性互动的反复使得心理暴力成了II型创

伤，也称为“复杂性创伤”。这种创伤可导致心理、生理和情绪障碍，对身份认同和整个心理组织产生负面影响。因此，当心理暴力以反复或时间过长的方式施行时，就会产生相当于大规模创伤的影响，其间，受害者可能会在某个孤立事件（比如火车事故或严重侵害）中丧生。

心理死亡

心理暴力的重复导致了一种心理死亡：你不再知道你是谁，你的价值观是什么，你内心最深处的期望，你喜欢什么，你需要什么，你是如何运转的。有时甚至连你的日程安排都显得无足轻重或完全被忽略，以至于你忘记了自己的约会并无法再承担自己的责任。

你逐渐生活在一种弥漫着恐惧和过度警惕的氛围中，因为害怕攻击会重复发生。由于人类对恐惧只有三种主要的反应（攻击、逃跑或僵住），你必须在后两种反应中做出选择，因为你所处的情况已经剥夺了你做出第一种反应的可能，攻击是不可能且不适合的。

被迫在屈从（通过一种心理麻痹，情绪的或精神的）和逃避（通过回避任何可能让你想起该事件的东西）之间做出选择，你会觉得你在自行死亡。意识到反抗和有理有据的解释只会重新启动心理暴力的循环，你考虑离开施暴者或与其保持距离，以免被所有已存在并从此将你们捆绑在一起的依赖和象征性亏欠的操作束缚……

简单性创伤还是复杂性创伤？

I型（或简单性）创伤涉及单一的、一次性的和意料之外的事件（事故、恐袭、火灾、自然灾害）。

II型（或复杂性）创伤涉及反复或长期创伤的情况（身体或心理虐待、长期暴力、长期威胁、折磨），在次数和对主体的侵害上具有更严重的后果。

在心理暴力情境中，最常见的心理创伤往往是复杂性创伤，其症状主要是情感方面的紊乱（频繁的爆发或对感情的极端保护），认知紊乱（难以集中注意力和/或记忆力下降，感觉自己对自己的生活是个外来者或旁观者），一种被改变的、奇怪的自我认知，痛苦的自尊（感觉被侵害和不受欢迎），难以在人际关系中调节信任（过度或缺乏），受害者价值体系的重大和不稳定的紊乱所造成的躯体化和对存在的巨大疑问。

因此，长期的心理虐待与危及生命的事故、突然的哀悼具有相同的冲击力。

创伤后应激障碍

所有的精神创伤事件都可能导致一种典型的疾病——创伤后应激障碍（PTSD）。罹患创伤后应激障碍的人具有三类主要症状：

- 患者在思想或噩梦中重温创伤场景（重现的症状）；
- 患者试图避免（自愿或不自愿地）任何可能让他想起创伤的事物（回避和情绪麻醉的症状）；
- 尽管没有迫在眉睫的危险，但患者仍经常处于警惕和高度警觉的状态（过度觉醒的症状）。

创伤后应激障碍在强度和持续时间上差异很大，从几周到几年不等，经历过创伤性事件的人可能在几个月甚至几年后才会患上创伤后应激障碍。症状的延迟出现可能会在触发事件（事件周年纪念日、退休等）之后，这就是为什么关于处方时效的立法讨论至关重要。实际上，受害者能够立即发声的情况非常罕见，而且暴力的创伤性影响会抵消多年来对事件的准确记忆，因此必须留出很长一段时间才能有所意识，而在大多数情况下，这种意识是缓慢而困难的。

为什么当一个人成为心理暴力（以及包含心理暴力的任何形式的暴力）的受害者时，要花这么长时间才能说出来？为什么你永远不该对会说出“为什么你之前不告诉我呢？”的人倾诉你所遭受的心理暴力？受害者会认识到这句话的重复度和伤害力。

难以启齿

如果你是（或曾经是）心理暴力的受害者，你会明白说出来是非常困难的。有几个原因：

首先，你需要很长时间才能意识到真正发生的事情并明白这是不正常的，你并没有同意，这是由侵害引发的冻结反应造成的。

其次，创伤是这样运作的：它超越了时间。由于创伤在大脑中的储存区域与日常记忆不同，因此它是没有时间线的。所以你无法知道创伤已经发生，更无法知道它现在已经过去了：创伤性记忆总是存在于背景之中，其影响随时可能出现，并令其再次“存在”。

此外，你会对此感到部分或完全内疚，怀疑啃噬着你，“我应该为自己辩护的”“我本可以避免的”“我没有说”“我是自找的”“我有几分赞同”，这是你在这些情况下反复对自己说的话，但这都是无稽之谈：谁会挑起或希望遭受暴力呢？没有人。你需要爱，你想要获得一种体验，你被一种情境所吸引，但你并没有对暴力说“是”，而你的施暴者很可能操控了你，并让你感觉对他有所亏欠。

最终，你还会怀疑你所经历的事情：因为创伤会影响你的记忆，让你记不清事实的细节。你害怕有人对你说“事情并不是这样的”。有时从表面来看，你才是那个暴力的人：被动攻击的姿态使你陷入暴怒，因为你被推到了极限，因为你没有被倾听，因为一种难以忍受的不公感让错处反而归咎于你。

施暴者肯定对你说过“是你有所误解”这种话。而且，正如在这些情况下常常发生的那样，你没有任何证据。你的唯一证据就是你说过的话，以及其他发声的受害者说过的话，因为几个人相一致和重复的话语，特别是如果这些人相互并不认识，便构成了第一缕线索。

最后，你害怕后果：当你决定说出发生在你身上的事情时，你就使界限发生了移动并扰乱了你身边之人或社会的（虚假）安宁。即使在今天，社会上仍有一股否认心理暴力的巨大力量。你经常会觉得最重要的是闭嘴，这比你内心破碎的事实更为重要，这是不对的。你不必操心社会的福祉。另外，只有终结这种侵害行为才能带来关系和社会的真正安宁，因此，这种安宁也就来自受害者的发声。

但在此之前，你需要真正有所意识，尤其是对你的过去和你所遭受的暴力的不合理性。你必须清楚地认识到这一点，而这也是最耗费时间的一点。

创伤性解离

心理创伤性障碍是在极端恐惧和极具压力的情况下产生的。以恐怖的、不连贯的或不可想象的方式对心理施暴，会使人产生无力感和恐惧感，它们会使心理僵化，以至于使大脑皮质晕厥，无法再发挥其作为情绪反应调节器或灭火器的作用。

在心理虐待的过程中，血液中的皮质醇不断升高，导致将记忆和情绪结合起来的大脑边缘系统萎缩。这就是为什么对于遭受心理创伤的人来说，触及自己的记忆和情绪非常困难，甚至几乎不可能，或至少是复杂和随机的。

> 三脑理论
>
> 在20世纪50年代，保罗·麦克莱恩（Paul MacLean）提出了一种理论，该理论认为，人脑由三个主要结构组成。爬行脑，在最下一层，包含整个反射和本能区域；边缘脑——情绪的所在地，它使我们能够理解情绪并将其作为信号，通过识别我们的感受和我们需要做什么来恢复情绪平衡；新皮质——高级心理功能（专注、分析和记忆）的所在地。

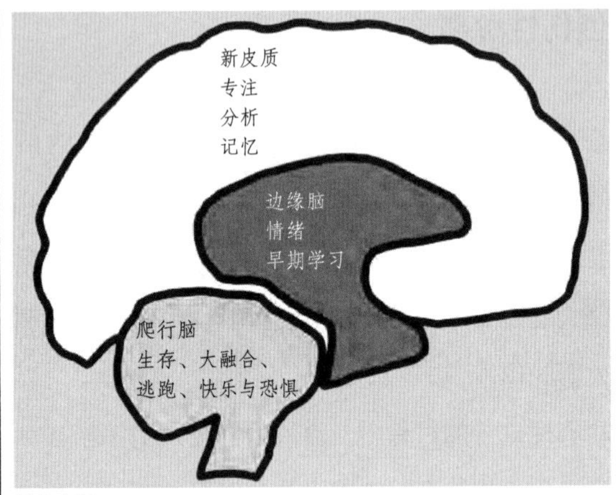

图片来源：medecineintegree.com

在危险的情况下，皮质醇，即压力激素，会被触发。皮质醇总是从浸润大脑的反射区开始，使我们能够迅速作出反应，然后继续作用于边缘部分，使我们感受到恐惧，并使我们能够找到适应或消除这种情绪的办法。但是，当皮质醇接近新皮层（图中最上面的部分）时，大脑就会拦住这种激素，因为其成分对皮层部分是有毒的。这就是为什么在承受过多或过长时间的压力时，我们就无法调动记忆、理性分析和专注的能力。不仅在压力情景中如此，在我们的日常生活中也是如此。

一种保护机制

创伤性解离是大脑为在极端压力下生存而设置的一种神经生理保护机制：心理暴力因其不可想象的性质，通过麻痹高级心理功能（分析、专注、记忆）而造成一种震惊状态，使情绪反应变得不可控。

事实上，过高或过久的压力水平对机体来说是一种关乎生死的风险，因此，为了避免这一风险，大脑会通过关闭情绪回路来隔离产生情绪和感觉反应的结构（大脑杏仁核），从而中断压力激素（肾上腺素和皮质醇）的产生。随着杏仁核与大脑皮质的隔离，受害者与自己的感知脱节，这就是我们所说的“创伤性解离”。由于这种解离阻碍了暴力情绪记忆的整合，因此是“创伤性记忆”。这种无意识的、在时间系统之外的记忆，使受害者以一种不受控制的、侵入性的方式重温某些痛苦的时刻，伴随着以闪回形式出现的同样的恐怖、同样的痛苦和同样的感官感受（图像、声音、气味、感觉，等等）。

这种创伤性解离可能只持续几分钟或几小时，或者，如果受害者仍然曝露在暴力或再次发生暴力的危险中，则可能持续更久。作为暴力受害者的儿童，由于其神经系统的不成熟和脆弱性，更容易出现创伤性震惊，并出现更为严重的解离。

精神科医生穆里尔·萨尔莫纳展示了这种生存机制如何让受害者付出巨大的代价：通过剥夺受害者的情绪反应和感受，它会严重改变受害者的情感和关系能力、个性的表达，以及受害者对危险作出反应、进行自我保护、对抗和反抗的可能性，使其进一步面临遭受暴力、被控制，以及生活边缘化和极度不稳定的重大风险。

依恋行为、爱和情感联结也会受到情绪体验的影响。但是以激活大脑可塑性的方式去激活一种情感和关系的可塑性是可能的。为此，必须让受害者远离毒源，也就是那些损害其情绪和情感体验的人，并以一种有质量的独处模式（在这种独处模式中，受害者自己照顾自己，以适合和高效的方式照顾自己）或高质量的新关系取而代之。

创伤的"撕裂"记忆

当记忆以一种流动的方式运转时，它是不断演进的；运动中的记忆根据年龄和情境进行自我适应，这就解释了为什么兄弟姐妹之间对童年和父母的记忆可能存在惊人的差异，为什么他们对相同事件的讲述会各有不同。创伤记忆是一种特殊的记忆，法国神经精神病学家鲍里斯·西瑞尼克（Boris Cyrulnik）将其称为"撕裂的记忆"。因此，根据安娜·弗洛伊德（Anna Freud）的说法，要定义创伤，就必须区分“创伤”（即打击）和“创伤性”（对打击的记忆）之间的区别。事实上，在心理学中，我们描述人类如何第一次遭受打击（即便是精神上或心理上的），然后是第二次，以及其他很多次这一打击的表征。

这种记忆，以及我们对它的阐释，有时比打击本身对我们的伤害更大，它导致了高级大脑功能的脱节：分析、记忆和专注的能力。这就是为什么，同样的创伤，根据当时对其进行处理的方式，随着时间的推移会产生大相径庭的影响。如果一个人很快被告知之前所做之事是被禁止的，并在之后拥有言语表达、高质量的倾听、不被评判、修复所受伤害的可能性，那么在创伤相同的情况下，他将遭受的创伤后果会比一个无法从以上陪伴中受益的人要轻得多，而提供这种陪伴正是心理急救部门存在的主要原因。

创伤性记忆在创伤情境方面出奇地精确（穿着的衣服、天气、光线、颜色、气味、确切的地点、物品等），但在创伤情境的外围情节（之前的日常生活或工作、心理创伤期间参加的培训或课程的内容、平凡无奇的讨论等）方面却出现了失忆。这些情节以不同的形式不断重复，促发对可能通过念头联想或感官联想引起回忆的、通常无意识的回避行为。

危害身心的病态运转

一般来说，解离是一种心理元素与精神元素的分离，这些元素通常聚集在一起并相互交流。在心理层面，它可以被理解为一种“自我催眠”的现象，即一种被改变的意识状态，这种状态可以让主体在其无法应对紧张的情况下保护自己。因此，这种解离使受害者能够面对痛苦的、创伤性的或不连贯的情况，并继续在日常生活中尽其所能地运转（对儿童来说就是去上学，对成年人来说就是履行其在工作和家庭中的责任）。

这种类型的反弹记忆在心理暴力的背景下尤其活跃。事实上，这些记忆没有被举动或明显应受谴责的一些东西具体化这一事实，往往会导致一种隐秘而顽固的不确定性：一种没有完全经历你所经历之事，施暴者并不是真的想要说那些话，那些伤害没有理由发生，你是那个有点脆弱的人……的感觉。

“正常的”解离可以让个体通过“切断”自己的痛苦感觉来保护自己免受被感知为具有威胁性的情境的伤害。因此，在日常生活中，经历不同意识状态的他们可以根据自己的资源去适应各种情境。这种与生俱来的自然能力，包括反射性和自动性行为，反映了内化的能力，也就是寻求摆脱现实束缚的头脑。

当这种防御能力在真实危险之外继续运转时，这就是一种创伤性症状的征兆。于是，解离就会影响感知、情绪、记忆和身份，它们在通常情况下被整合在一起并可以被意识触及。受害者部分地保留了某种形式的心理控制，而身体控制则受损；如果这种解离在日常生活中持续下去，就会迫使受害者与自己的情感断开联系，以避免创伤性记忆的浮现。

解离还对受害者的身体产生影响，从而让他难以觉察到预警信号。这种情况伴随着一个典型且让情况雪上加霜的现象：对疼痛和压力的过高的忍耐阈值，通常在受害者的童年时期就已形成。

创伤性解离对受害者的身心健康具有很大的危害。它导致了很多的痛苦和陌生感（在这些痛苦和感觉中，生活似乎是不真实的）、参照的丧失、人格解体的感觉、孤立和自尊的缺乏，就像在一种对创伤具有反应的次级状态中，受害者似乎与自己分离，好压抑他的恐惧和对自己身份的怀疑。

这种病态运转的特点是思想、行动和情感的不一致，从而产生了异常的且往往在逻辑上错误的结果。

被冲击的暴力所杀，自我的一部分死亡

桑多尔·费伦齐，心理学家

桑多尔·费伦齐（Sandor Ferenczi）是匈牙利心理学家，是西格蒙德·弗洛伊德的朋友和同事。他是创伤研究的先驱者之一，一生都在研究创伤，试图了解其原因、症状和解决办法。他坚定地认为，实际的创伤比弗洛伊德想象的要普遍得多。

桑多尔·费伦齐将创伤描述为一种令人格破碎的冲击。为了对其进行定性，他借用了分裂机制（精神的一分为二）来展现自我的一部分是如何死亡的，就像是“被冲击的暴力所杀”，这使得人格的其余部分能够过上看似正常的生活，但却让受伤的部分无法被触及。这个比喻对心理暴力的受害者来说非常形象，他们会发现自己完全处于这种超现实的“双重面孔”中，使他们在现实面前失去了立足点。

桑多尔·费伦齐用“语言混淆”（1932年）这一概念为理解某些创伤主体的惊人反应提供了一个不可或缺的元素，以描述乱伦的儿童受害者的不

> 理解，这些儿童认为自己获得的是温情，而实际上却是一个成年人的性欲。
>
> 在我提及一个受害者的混淆（他认为自己获得的是爱，但实际上是被对方利用，从而对残酷的自恋伤害进行报复）时，其效果与匈牙利心理学家所描述的相似：所有的参照都变得模糊不清，受害者时不时地会认为自己发疯了，因为将他和现实连起来的那条线可能在他的混淆中变得脆弱不堪。

重现、穷思竭虑和重复性想法

重现是创伤性事件的侵入性记忆，被可能与之相关的一切事物所触发：某个地点、某种声音、某种气味、某个画面……这些记忆是强迫性想法的来源，也是闪回、噩梦和恐惧反应（惊吓、莫名其妙的焦虑发作等）的来源。受害者的行为举止就好像创伤性事件随时可能再次发生，而这些重现总是伴随着强烈的、甚至可能侵入日常生活的恐慌。

穷思竭虑指的是一些侵入性想法，表现为与事件相关的记忆不由自主地重复回返，而且在受害者试图赶走这些记忆时，其数量和频率往往会增加。这些想法是由所经历的事件与我们惯常的合理化模式之间的矛盾和不一致的感觉引起的，这在我们看来是正常的。然而，心理暴力和与之相关的参照缺失会造成我们大脑系统无法解决的深度失衡。我们会反复回想所经历的情境，以使其具有意义或找到解决办法。我们恢复平衡的自发需求表现为一种想要让我们所经历的情境与我们预先存在的心理模式相一致的执着。

情感印记与躯体作业

情感印记是一种无意识的记忆，通过我们的感觉和情感运转被躯体重新激活。这些记忆是个人的和无意识的，与可以追溯到子宫内生活的事件有关。当我们进入与痛苦记忆有关的感觉环境，甚至是平淡无奇的环境时，这些记忆就会被重新激活。某个地点、某种气味、某个图像、某个声音、某句话或某种感觉都可以重新激活这种记忆，并造成一种我们通常不知道如何解读的弥漫性不适感。这些痛苦的记忆被整合到我们的生理系统中，因此它们将躯体的情感记忆转化为感觉。

由于我们身心系统的这种特殊运转，对创伤性事件受害者的治疗就必须通过躯体来完成。

> 任何旨在治愈创伤的治疗性帮助都必须通过躯体作业才能对深层记忆和印记进行处理。如果没有采取经由躯体的这一途径，就不可能实现真正的转变，受害者就会曝露于定期的重现和重复模式中（当他认为自己已经理解并治愈了创伤时，这种关系情境就会重复出现）。

如今，心理学家将忧虑与穷思竭虑区分开来。如果说忧虑主要指向对未来危险的预期，那么穷思竭虑就指向消极的过去，并包含自我贬低、羞耻感或失败感，以及一种“循环”式运转。这些想法会让人失去欲望、动力，并或多或少地出现严重的抑郁症状，这加重了羞耻感和信心的丧失。此外，还会形成旨在保护受害者的心理器官免受这些想法影响的控制过程，于是受害者就会在对现实具有充分意识的时刻和其他几近否认的时刻之间摇摆不定。

法国精神科医生克里斯托弗·安德烈（Christophe André）证明了穷思竭虑和抑郁症之间的联系。他指出，穷思竭虑构成了“内心生活最大的陷阱之一”，于是，我们会被循环、重复、无意义和令人疲惫的想法所吞噬。这些想法就像一个诱饵：“我们再聪明都会被它们欺骗，因为我们认为自己在思考，但实际上我们只是在重现相同的想法。这些想法愚弄了我们，因为我们认为自己身在现实之中——我们忧虑的现实，而其实我们是在虚幻之中，我们的恐惧或遗憾的虚幻。”[1]事实上，穷思竭虑，无论是否与创伤性事件有关，其主要特征都是我们对自己生活的希望与以往不同的执着（由想法推动）。然而，过去和现实无法通过想法来改变，过去是无法改变的，而现实则需要付诸行动才能有所改变。

过度警觉与人格解体

经历过暴力并因暴力的持续而受创的人，会在寻找自己经历的意义（这会导致闪回和重现）和避免所有与创伤性事件相关的回忆或情感需求之间摇摆不定。这种摇摆不定会维持一种非常高且几乎是永久性的焦虑水平，这就是我们所说的“过度警觉”。过度警觉经常会导致惊跳、无法解释的焦虑、心悸、身处危险之中的隐约感觉，以及生理上过高水平的皮质醇分泌。

这种感觉的特点是，总会有一个多少有些相同的情节：一开始，当事人会茫然无措，试图整合一个对其还没做好准备且无法对其赋予任何意义的事件，这就形成了心

1 克里斯托弗·安德烈（Christophe André）关于法国文化的专栏，2017年8月3日。

理创伤综合征。根据鲍里斯·西吕尔尼克的说法，它使人成为“过去的囚徒”：事件一次又一次地以重现、闪回或噩梦的形式出现。

尤其是受虐待的儿童，他们很快就会对对方的肢体动作产生一种非常强烈的敏感性和过度警觉，这种情况会一直持续到他们成年后有了伴侣时：当伴侣皱眉或一言不发时，他们会变得高度关注，观察最轻微的动作表达和最轻微的音调变化，因为他们感到危险迫近。在他们的意识范围内只有施暴者，周围没有任何东西可以让他们解读这些动作表达、沉默、话语或任何反应。

这种运转极其耗费精力，并会导致心理上的疲惫，令人难以集中注意力进行工作，有时还会引发抑郁症状（失去执行个人计划的渴望、无法履行自己的责任、食欲不振或食欲过旺、与饥饿感无关的过量饮食、睡眠不足或过多，等等）。

受害者还可能经历人格解体的现象：游离在自己的身体之外，或者觉得自己不再像以前那样思考。这可能导致疏离现象，就好像受害者成了自己生活的外部观察者。

长期曝露在暴力之下的另一个后果可能是现实解体的感觉，往往伴随着人格解体：受害者认为这个世界是不真实的，就像在梦中。这种混淆可能发展至有时会不知道自己的经历是否真实的地步。

“三重痛楚”：创伤在自身的重现

你可能已经在我们收集的“亲身经历”中注意到了一点，那就是所有当事人讲述的痛苦经历都展现了本书所阐述的事实：所有的受害者都表示，他们花了很长时间才找回了内心深处重新建立的自尊，而且他们似乎在多年里一直在重现施暴者强加给他们的轻蔑且具有伤害性的话语，无论是通过身体上和情感上的自损，还是通过针对自己的、特别具有攻击性甚至侮辱性的话语。

受害者在从心理暴力的经历中恢复和重建自我时遇到的巨大困难是，他们会继续在自主的暴力中运转，即便已经远离施暴者。

宽恕的好处或如何避免成为自己的施暴者

如果你在这种模式中看到了自己，那是因为这些暴力重新激活了你的“舒适区”或“已知区”——一个你很熟悉的空间，在这个空间里，与你所爱之人的联结是以你必须忍受严重的心理暴力为代价的。

当你远离施暴者时，你就变成了自己的施暴者，在不知不觉中延续着暴力。尤其是对自己恶言相向、指责自己或在内心独白中贬低自己。这种暴力的运转方式是你很熟悉的：这是你从童年期或青春期开始反复遭遇的。你的父母或所有教育你的成年比照对象成了你的参照物：你最终会认为别人那样跟你说话和对你行事是理所应当的。

这种运转会产生一种反弹效应，我常常称为“双重痛楚”，但它更像是一种“三重痛楚”。你不仅在童年时经历了来自本应保护、珍视和照顾你的人的这种暴力，而且成年后再次经历了这种暴力，最后，你通过异常苛刻的言语在内心虐待自己，或通过旨在麻醉精神痛苦的成瘾行为在身体上虐待自己，无论这些成瘾行为是与产品有关还是与行为有关（性、购物、运动、饮食等），从而延续了施暴者的做法。

当司法系统和你周围的人都不认可你最终在某一天（当一切都“好”时）做出的判定时，第四重痛楚就此出现：你曾是暴力的受害者，但你周围所有的人都在把发生的一切大事化小，没有人明白那些让你运转不良的可怕症状与这种暴力有关，而只有你自己选择给予自己的补救才是有可能的。

事实上，心理暴力往往是以你自己的信念为支撑的：要么是你真的认为你应该受到虐待，因为你的自尊已经崩溃，要么更有可能是因为你认为你所爱之人经历的事情远比你经历的事情要糟糕得多，所以你倾向于原谅他的一切。你认为你比对方更能挨，因为你更强大、更年轻或没有被生活打击得那么厉害。然而，所有这些获得幸福的“好理由”都不是让你忍受暴力的理由，无论是什么样的暴力！如果在你童年时或成年后没有人告诉过你这一点，那么我现在就告诉你：没有什么能为暴力辩护。你的行为不能，无论这些行为是笨拙的、粗俗的、充满感情的，还是被误解的，你忍受打击的能力也不能，无论这种能力是象征性的还是非象征性的。

不要因为对自己恶言相向而把时间浪费在自责上，而是要逐渐意识到，你的障碍和运转不良的习惯有其存在的真正原因，而你之所以如此是因为你当时（通常是童年时期）无法采取别样的做法。

自卫的第14个要诀：逐步的意识

每当你意识到自己的思维系统运转不良时，你首先要祝贺自己发现了这一点，而不是责备自己一次又一次地刷新了它。

每当你在事后设法调整态度时，因为你看到了自己的行为，你就可以看到自己正在取得的进步，而不是为自己再次“落入陷阱”而气恼。

每当你设法花几秒钟退一步好让自己不再做出往常的反应而去选择一种对自己更为友善的解决办法时，你就赢了这一局！

为了向前迈进，为了朝着理解和逐渐改变自己行为的方向发展而扭转虐待自己的过程，会带来对自己的温情和体贴，这样的温情和体贴能让你呼吸，并给你的内心带来好处。你甚至可以学会原谅自己，这是最困难的部分，但也是最为关键的部分。如果你不知道如何原谅自己，你还能指望从谁那里得到原谅呢？

把过度适应放在一边，以便确定自己的需求

这个问题涉及运转不良的第二个方面：你忽视自己的需求、欲望和渴望，从而让自己在生活中没有界限。如果你是心理暴力的受害者，那么你面对的很可能就是这种情况。这不仅是因为你没能重视这一点，因此也就没有学会划定让他人尊重你的界限，而且必然也是你的恻隐之心太过强烈，以至于自己甚至都不知道去识别这些界限……

玛丽露接受了心理治疗，为的是能够找到自己，做出自己的选择，把自己放在第一位并完成真正的自我建构。她很快就谈起了自己和姐姐之间一直存在的那种运转不良的关系。这种关系是由她的父母和身边的成年人对她们做出的比较诱发的。

在充斥着心理暴力的情感依赖型关系中，刽子手和受害者并不一定是我们想象中的那一个。我发现这一点是付出了代价的，但也获得了最大的好处，那就是大大的解脱和巨大痛苦的终结。

在我的一生中，我和姐姐的关系始终都极其复杂，既亲密又矛盾，就好像既不可能一起生活，也不可能分开生活。我们相差两岁半，但我们的成长经历有点像双胞胎，不分彼此地分享一切、争夺一切，处在一种非常混乱的长幼次序中。对于我们自己和其他人来说也是如此，他们把我们作为人加以区分，只不过是为了对我们进行性质上的比较。谁最可爱、谁最搞笑、谁最乖、谁最漂亮、谁最稳重、谁最有天赋……父母、家人或朋友、男朋友和女朋友、老师，甚至根本不认识的陌生人，每个人都会发表一番毫不用心的看法。不幸的是，对我姐姐的评论往往是不好的……我可以看到并感受到她当时的痛苦。而对我来说，除了因为这种偏爱而感到自己受到重视以外，我还尤其记得，每次我都会为她感到非常不舒服、痛苦和受伤。我觉得我当时深深地感到了这些行为的不公，而且我很早就意识到这些行为有多危险，对姐姐和我们的关系会造成多么大的破坏。事实上，这些行为在让姐姐变得脆弱的同时，也让我和她的关系变得脆弱。

问题的开始就是我的出生。大家都知道，老幺的出生对老大来说总是难以应对的，因为老大突然失去了作为世界中心和关注焦点的地位。无论是自愿的还是被迫的，老大在一夜之间必须学会分享一切并接受自己不再受万众瞩目的事实，他看到的是阴影。就我们而言，我姐姐是否在这种过渡中得到了照看，是否有人注意到把关注平均分配给我们俩呢？我猜没有。于是，我姐姐开始失去自我价值，同时对我产生了深深的怨恨。这就是我对她深感愧疚和负有责任的原因。仿佛我很早就意识到，我的出生剥夺了她很多很多的东西，给她带来了痛苦，而我得用我的余生来弥补这一切。

事实上，心理暴力受害者的一个常态就是他们的共情能力和过度适应能力。每当你在对方还没有提出期望时就明白了对方的期望，每当你领会了对方需要什么时，这种过度适应都会救你的命：他/她对你表现出一种积极的态度，所以你终于感受到了爱，一点点的爱。

但这与爱无关，记住：真正的爱是无条件的，它不需要满足任何人的期望。只有当你完全是你自己，并在这种真实性中感到被重视和完全被接纳时，你才会感到完全和持续地被爱。

这种等待着你的演变将在一生中给你涂上新生的色彩，我只能鼓励你去实现这种演变，无论你身处何种境况，因为这对你来说是可期可盼的，而且还可以彻底改变你的自我形象和个人成就感。

事实上，如果说知道如何适应是可贵的，那么过度适应就是不正常的，它会让你忽视自己的需求和渴望，甚至忽视构成你深层价值观和自我身份的东西：满腹心思扑在对方想要什么上，你不再知道自己是谁，也不知道自己想要什么。

自卫的第15个要诀：知道自己真正想要什么

你的第一个练习是，要求对方清楚地告知他想要什么，以及他对你的期望。

第二个练习，也是最困难的一个，是理解、知道并整合你自己希望你的生活在各个层面上能够包含的东西。然后，你可以根据你是谁、你的需求和渴望来决定你是否同意陪伴对方获得他想要的东西，或者你是否愿意提供别的东西。

别人的失望杀不死你

倾听自己的需求，这显然意味着允许自己拒绝某些东西……这是一个复杂的练习，为什么呢？因为你的过度敏感导致你以一种敏锐的方式感知对方的失望，因此，你会遭受令他失望之感的迎头痛击。而正是这种感觉让你手足无措。

你要学习的重点可以用一句话来概括：对方的失望杀不死你。这种失望丝毫不能说明你是什么人，也无法质疑你的价值。它只是表明对方希望你做或说一些和你不相干的事情。你不能只是因为他希望你这样就去满足他！这会表明你认为对方比你自己更有价值，认为他比你更清楚你应该说什么、做什么或是成为什么人，但是……为什么他们应该比你更了解什么对你来说干系重大呢？根据他对全能的感受程度或他对控制的需求，对方或多或少都会难以接受这一点，但那是他的事，与你无关。

我姐姐在言语中经常贬低自己，她的无价值感和自尊的缺乏也反映在她的行动上。从她对朋友的选择（他们尤其会利用她的大方，或者把她当作陪衬的绿叶）到她的学业，然后是工作上的掉链子，她似乎不相信自己的价值，就好像她在遵照自己认为值得的东西去活，笨拙地试图证明别人投射给她的自我形象是真的：她是两姐妹中“坏的”那个，是失败的姐姐。还在很小的时候，大约10岁左右，她就发展出一种与金钱和普遍性物质的恶劣关系，这种关系至今仍追随着她。或许她最终认为，只要通过这种方式，她就可以填补自己的空虚，或者获得爱情。

她对朋友或渣男的选择、她在学业和工作上的失败，尤其是她的金钱问题，很快就成为她和我父母之间长期冲突的核心，我父母也因此一有空就训斥和骚扰她。在我们四个人住在同一屋檐下的那段日子里，我几乎不记得有哪一顿晚饭不是在训斥她的。我记得父亲没完没了地说教，而我姐姐则一言不发、泪流满面地忍着。我还记得每当这个时候，我就和姐姐一起受苦，但我感到无力为她辩解。为了尝试在这种有害和戏剧性的气氛中减轻所有人的负担，我所能做的就是尽量不惹麻烦，不给父母带来额外的负担，同时陪在我姐姐身边，让她知道她不是一个人。

但是，当我反过来展现出最能让我父母和周围的人放心的一切（一篇完美的作文、“没有问题”的生活、优异的成绩、完美的人际关系、没有任何非同寻常的心理状况）时，我也在经历一种无声的巨大痛苦。我把自己的阴暗想法藏在心里，但我记得在那段时间，晚上，我经常一个人在床上哭，甚至想到自杀……因为一开始我就得到了足够的重视，而现在一切对我来说似乎都很顺利，没有人再关心我，之后也不会再有人关心我（甚至在我青春期出现一系列强迫症[1]的时候），直到我大约23岁时出现第一次明显的、真正的抑郁。

你过度的共情让你忍受了暴力，但现在，这种共情可能妨碍你让暴力不再继续，因为你非常清楚遭受对方的厌恶和心理暴力是什么感觉，而且每次遭受厌恶和心理暴力时你都会僵住，你根本不明白一个人怎么能让另一个人经受如此痛苦的情绪……尤其是，你无法让他反过来感同身受：不再爱他对你来说是极其可怕的一件事。

1　强迫症（OCD）是指重复的、非理性的和无法抑制的行为。

但问题不再是你对他的爱。你要处理的唯一问题就是，任何人都不应该因爱或其他任何名义经受恐惧、仇恨和心理暴力的折磨。

撇开共情，踏上疗愈之路

当你不再倾听自己脆弱的部分，当你认为自己可以忍受一切时，你可能会在一段时间内对痛苦和精神折磨（无论是你的，还是其他和你亲近的或没那么亲近之人的）失去感觉，然后你会难以感受到共情，首先是对自己的共情。

这让你明白，一个人的共情能力越低，这个人的情感进化就越不成熟，尤其是如果他不再控制自己的内心世界，他就会对可能在自己内心世界爆发的东西充满恐惧……试图扼杀自己的脆弱性，而不是接纳它、倾听它并以积极的方式转化它或采取相应的行动，这个人也就放弃了拥有可能因与自己相遇而产生的积极情绪。

玛丽露的亲身经历（第三部分）

从很小的时候起，我姐姐看我的眼神就不对头：一种带着不信任、不屑、嫉妒，有时甚至是仇恨的眼神。对她充满敌意的眼神，我总是报以充满共情和尴尬的眼神。然后就是她的行为：很多针对我的拒绝和恶意的行为，我最终总是报以原谅，甚至更多的共情。我在这个系统中迷失了方向。这段关系伤害了我，对我来说是真的有毒，但我无法摆脱它，无法放弃它，无论如何我不能背弃我的姐姐。因为我不理解这种仇恨，我拒绝承认它是可能存在的。这是不可能的，因为我们是姐妹，姐妹必然是相亲相爱的。因为我非常爱她，而且这种爱对我来说是如此自然，对她来说也必须如此。我想让她知道，我愿意为她做任何事情，和我在一起，她永远都不会感到孤单。因此，我把她所有的行为都归咎于她的痛苦：我对自己说，她让我痛苦是因为她自己很痛苦。这就是为什么我必须原谅她的一切，这就是为什么我必须更多地向她表明，和我在一起，她是被爱的，那个原本的她无条件地被爱。另外，尽管我因为她对我造成的伤害而感到非常痛苦，但我告诉自己，忍受这些伤害是我从她那里得到救赎，从所有我觉得因为我而让她从一开始就失去的一切中获得救赎的方式，因为我，她才会变成这样。

最近，在接受治疗时，我想起了我姐姐无端遭受的一次暴力攻击，我无助地目睹了一切。我们当时正和一个与她同龄的表姐在一个广场上。我当时应该是7岁，她们是11岁。一群十三四岁的女孩朝我们走过来，只是因为我们看了她们一眼，这群女孩的头头就扇了我姐姐十几个耳光。我们三个人都惊呆了。我姐姐挨了打，吓坏了，她的脸通红，挂满了泪水，她的两条胳膊沿着身体僵硬地伸着。我紧紧地握住她的手，看着她受苦，哭着让那个女孩停手。这段记忆又勾起了我的其他记忆，关于她遭受的、讲给我听的身体攻击，但随着时间的推移，我最终屏蔽了这些记忆。

现在，我34岁，她38岁。我们比以往任何时候都更加疏远。最近几年，她对我愈发地想要疏远，而她让我明白的方式也变得愈发激烈。同时，我也认为我对她不断拒绝的容忍度已经降低了，而我为了从这种依赖中解脱出来而继续付出的努力也终于得到了回报。可以说，在保持这种距离、这种缺乏定期联系的情况下生活，在我们之前的生活中是从未有过的，这对我来说并不容易，我感到极其孤独和空虚。但这也让我意识到这段关系在多大程度上消耗了我的一生，并让我无法构建自己的生活。

不像她，我没有伴侣，也没有孩子，我甚至不知道我自己想要什么样的生活……起初，我对她感到非常愤怒，对她有一种巨大的不公和忘恩负义的感觉，觉得我是为了她才留下来的，我忍受了她让我遭受的一切，到最后，她让我感到失望，让我一无所有。

相反，当你过多地倾听自己脆弱的部分时，当你过度保护这个脆弱的部分，比如不让它担一丁点的风险，却不明白这个部分也需要探索、成长和超越自己时，你可能会倾向于被他人的脆弱所吸引，并成为一个有点让人窒息的守护天使，一个不顾自己、与对方形影不离和过度保护的拯救者。

自卫的第16个要诀：只有为暴力所累的人才能摆脱这一暴力

正如没有人可以替你做出离开谁的决定（每次你选择“让步”，你最终都会回到原地……），心理暴力的实施者也无法被你治愈或拯救，能拯救他的只有他自己。请牢记以下三个基本要素：

- 你留下来不是“救他的命”，即使他告诉你是这样；
- 你阻拦他开始治疗工作，只是暂时减轻了他的痛苦并为他的痛苦充当避雷针；
- 任何深刻的心理变化都需要个人和有意识的决定；当这种变化的要求来自外界时，就会导致抵抗（这就是为什么心理医生永远不应该说“应该做什么”）。

这就是爱上自恋变态者的受害者往往会选择留在他

们身边的原因；了解这一点，我们就能对这些受害者产生怜悯之心并更好地去帮助他们。最能促使一个人留在变态者身边或为其服务的，严格来说，既不是尊敬也不是爱恋，而是认为变态者正在与深深的痛苦抗争的信念，这一痛苦在行为上的表现是错误的和有毒的，但其根源是对极具虐待性和侮辱性的成长环境进行的无情抵抗和斗争。

受害者无休止地试图让施暴者明白，他可以选择另一条出路，幸福是可能的（而且它在别处），但不幸的是，这往往为时已晚，受害者和施暴者通常都很难进入恢复和治愈的过程。而且，即使为时尚未太晚，即使他们有能力这样做，也没有任何变态者曾经改变过，并真正做出努力去更好地保护或爱他的爱人，因为变态者缺乏共情能力，所以他无法设身处地为自己的伴侣着想、感受伴侣的痛苦，从而尝试去减轻伴侣的痛苦。这个过程永远不可能发生在一对伴侣之间。少数能够做到有效改变自己反常运转的人，也只是因为他们自己遭受了这种反常运转造成的痛苦（并受到其严重的妨害），但从不会是因为“单纯”地为了伴侣好。

因此，关键就在于培养对自己共情的可能性，这在一些心理学流派中也被称为“自我同情”。神经科学研究者和教授马克·利瑞(Mark Leary)已经证明，在心理治疗中，练习自我同情的效果比发展自尊的效果更好。能够自我同情就是，比如知道如何宽容自己、接受自己的焦虑想法和困难情绪，把它们看作是生活体验中不可分割的元素。

日美子的亲身经历

日美子被迫和一个自恋变态者继父，也就是她母亲的第二任丈夫，一起生活了很多年。从遭受屈辱到接纳自己的过往，再到发现了无条件的自爱，日美子讲述了她的故事。

我曾经和一个自恋变态者，也就是我母亲的前任，一起生活了7年，直到他们分手。身体上的远离只是我迈向治愈的第一步，他让我遭受的心理暴力是无声的，一点一点地渗入我的心灵深处。

当时，每次我在吃饭想上厕所的时候，他就会怀疑我在撒谎，并跟着我，好看着我上；即使在11年后的今天，我一想到在厕所里被撞见就会感到极度地焦虑，我已经养成了检查三次门关好没有的习惯，甚至当我一个人在家的时候也是这样……

他还跟我说，我永远不可能被爱。

我不得不重新学会生存，尤其是学会让自己感到有权利这么做。

今天，我努力生活着。被人关心、为自己和自己的情绪感到骄傲、被其他人所爱，尤其是被自己所爱。我希望任何人都不会有这样的经历，但我已经接受了这段经历，把它当成一个帮助我构建如今这个我的“既定事实”。每天，在镜子前，我都会对自己说，我很高兴成为我自己，身在这里，和我的过去、我的现在及我的未来在一起。

当我们真正接纳自己时，就会体验到精神科医生克里斯托弗·安德烈说的“自尊的沉默”[1]。这是我们演化过程

1 克里斯托弗·安德烈，《不完美、自由且快乐：自尊实践》（*Imparfaits, libres et heureux. Pratiques de l'estime de soi*），Odile Jacob出版社，巴黎，2006年。

中的暂停时刻，我们终于可以不再怀疑自己在发生某个事件时是否能够应对、人们是否会欣赏自己并觉得自己足够有趣，等等。于是，我们可以让对相遇的好奇、对进步的渴望、让生命共舞、让自己拥抱惊喜、“让自己随着生命的节奏而去”的能力浮现出来。

所有这些元素让我们变得独一无二，属于我们的经历，并构成了真正的自己，而非那个我们在感到太过脆弱时展现给他人的那个自己。然而，热切渴望被爱的是那个真正的我们自己……因此，要全然地感到被爱，我们就必须做真正的自己。因此，如果我们希望有一天能获得全然被爱的感觉，我们就别无选择，只能接纳真正的自己，在方方面面接纳自己。

第五章

治愈心理暴力的伤害是可能的

当你曾经遭受或仍在遭受心理暴力时，你会倾向于告诉自己，你不想让任何人知道，永远都不想。你希望自己能够忘掉一切……你试图表现得“正常”，试图“想开”。然而，沉默无法帮助你，而扼杀这种经历可能会让你一次又一次地重现这种虐待。创伤可能在多年后会再次出现，即使它与所遭受暴力的联系并不明显。

说出来，迈向重建的第一步

想让受害者敢于说出自己的遭遇，必须有第三方对事实的承认。当你听到自己第一次说出“发生的事情是非常严重的”或“他/她无权那样做”的时候，你就能找到面对自己经历中问题的力量。

伊利诺伊大学医学院的斯蒂芬·霍布福尔（Stevan Hobfoll）教授及其同事召集的世界各国心理创伤专家研究团队，在2007年对能够判定个人或集体在灾难后获得康复的主要标准进行了研究。他们确定了五个标准：

1. 能够感到安全；
2. 能够平静下来；
3. 重拾对群体的自我效能感和效率感；

4. 与他人产生联结；

5. 拥有希望。

找到你需要的支持

想要走出困境，有两个基本步骤可以让你重获活着的自由和快乐：正视眼前的现实和决定重新生活。因为在心理学中有一条“金科玉律”：要改变一种状况，你首先必须接受它。

暴力受害者协会的看法是一致的。对受害者来说，说出来是迈向重建的第一步，即使后果可能是痛苦的，尤其是在公开场合说出来的时候。为了能够说出自己的遭遇，受害者需要的是共情，而不是评判，尤其当暴力被“掩盖”或“面目不清”时，心理暴力就是如此。

对你最好的朋友或家人说出自己的遭遇，这已经是向前迈进的一大步了。在决定离开暴力环境时，你身边要有对此具有清醒认识的人（他们完全理解任何形式的暴力都永远不会是可以接受的反应），他们完全尊重你这个人和你的决定：男性或女性朋友、姐妹、母亲、心理治疗师、律师等都可以。他必须是一个不会弃你不顾，完全信任你，无论你为了走出困境做出什么决定都会支持你的人。

如何帮助暴力受害者说出来并/或离开施暴者

如果你身边有暴力受害者，无论遭受的是哪种暴力，你首先要做的是帮助他不再和施暴者接触，让他远离施暴者或免受施暴的侵害：施暴者会想要让受害者相信自己“想让施暴者这么做”，并强调受害者是“自找的”“惹怒了他”。为了能够结束暴力的循环，至关重要的是不要待在施暴者的身边，否则解离系统就会继续运转。要保护受害者免受可能遭受的任何进一步的暴力。

永远不要问受害者：“你以前为什么不说出来？”而且永远不要责怪受害者没有为自己辩护。

在任何情况下都不要试图说服受害者保持沉默或不要“大惊小怪”。

让这些人留在你的身边，然后勇敢说出自己的遭遇。说出来，一开始会让你变得软弱，但当你把这个过程进行到底时，它就会给你带来难以置信的力量，无论法律或社会对你的经历得出怎样的结论。为了你自己试着这样做吧，也为了所有那些仍然感到恐惧和羞愧的人，那些仍然处于危险、控制或暴力之中的人。

摆脱愧疚

如果你在心理和情感上得到很好的照料，你就会重新获得自信和更好的自尊。最重要的是理解受害者施加给自己的双重（三重、四重）痛楚：你不仅遭受过严重的暴力，而且你的沉默和羞耻心让心理暴力的后果得以长久存在。只有说出来，你才能摆脱愧疚、情感麻痹、成瘾、认知障碍和大大小小的攻击构成的致命链条，你遭受这些攻击是因为创伤让你变得脆弱。

当助长暴力的系统在你的脑海中变得清晰时，你就不会再被人操控：你不是一件物品，你是一个人，自由的人，而且值得被尊重和被爱。

卢娜的亲身经历

卢娜现在是一名摄影师和纪录片创作者。此外，她还非常关注来自平民社区、身处社会困境的年轻人。“我要让你成为村里的四季豆”，或者说，为什么在那么多话里，这句话会在一个人的身体和心灵上留下烙印。

对我父亲来说，我理应遭受挫折、约束、打压、惩罚和纠正；那是他向我表明他拥有我，因此爱我的方式。这种爱是通过暴力的精神操纵表达出来的：让我感觉到或被明确告知，我很肮脏、粗俗、臭烘烘、必须减肥。我是个“贱货”，对，我在家里常常被这样称呼。

在来回骑自行车的过程中，他会一边反复跟我讲述这个关于绿豆的故事，一边用一个仪器记录骑行的时速。当然，我总是太慢。作为一个孩子，这就是我的现实。我觉得我开始怨恨这个人，但我也认为这很正常，认为他这样做是因为我就是我。

二十年后，我突然醒悟了！那是在一次心理治疗的过程中，我跟治疗师讲述了我小时候每天都会经历的一个情景：我父亲会在我去厨房的时候监视我，为的是在我打开冰箱的时候把我抓个正着并冲我大声吼叫……正是眼前这位专业人士的情绪让我意识到这一切并不正常。就是在那一刻，仿佛一层面纱被揭开了：我过的生活是一种幻觉。我没有身体，只有一个挂在脖子后面的粉红色块状物，就像果冻上的一个脑袋。我再也看不到自己的身体。它迷失在我所有的压抑中无法前进，迷失在相信每一次攻击都是我的错的自我说服中。

于是我开始探索，从让我父亲害怕的东西开始：心理学和真相。在一年中，我远离了自己的工作—朋友—家庭的生活轨迹，唯一的目的就是让自己不得不面对现实，抛却一切并学会透过自己的目光去生活。

离开，让我在做出了如此之多的自我牺牲之后坠入了谷底，但也拯救了我，我还活着。而且我希望我的生活是美好的。所以，我不得不承认，我也可以是美好的。我想向自己证明，没有人会像我一样爱我，而这是我迄今为止发现的最强大的动力。

我是一个快乐的人。但是，在26岁的年纪，我在几天前第一次告诉自己，我会永远爱自己，因为我值得。

近年来，出现了一些被称为“简短”心理治疗的方法，对心理创伤具有有益的治疗效果，可以帮助受害者。这些方法专注于围绕事件的叙事结构，并通过身心系统促进创伤事件结局的整合。事实上，对于受创者来说，事件会无休止地重复，因为他的躯体心理系统未能整合对所发生的事件的理解。这些方法还尝试通过恢复依恋关系来持续增强内部的安全感。

很多心理暴力受害者都描述过，当听到某个他们尊重的外部人士或因其职位而让他们感觉此人“精神健全”的外界人士（心理学家、教师、律师、法官）用“心理暴力”这个词来描述他们所遭受的痛苦时，他们感到了巨大的解脱，因为他们认为是自己一手造成了这种痛苦，而且不知道这些暴力行为是否具有合理性……

这本书，还有之前的那本《揭秘心理暴力》[1]，都包含了很多教会我们去了解、识别和指称或定性心理暴力的元素：定性，是摆脱心理暴力的第一步。

学会设置界限并让自己的需求得到尊重

如果你正在阅读这些文字，而你的噩梦还没有停止，因为你还没能在身体上把自己和心理暴力的施暴者分开，那么我只有一个建议可以给你，这条建议你可能已经听到过数百次了：把你和这个人之间拉开距离——物理距离。

请不要立即合上这本书！我想要明确指出的是，你有权感到恐惧，你有权尝试过一千次并失败过一千次，你有权梦想过一百次并放弃过一百次。这本书是来陪伴你而不是来评判你的。我很清楚，因为我有过亲身经历，这些情况有多么痛苦和艰难。因为你爱施暴者，因为你不够爱自

1 同前引。

己，因为你不知道如何在不伤害任何人的情况下行事，因为你被孤立了，而且你自己的心理绑架运转得如此良好，以至于你不再拥有任何外部的支持，以至于不再有人想听你讲述自己遭遇的事情，也不再有人能够忍受你的拖延和犹豫……

你有权感到恐惧！试着接受这种情绪，而不是与之对抗。恐惧不会阻挡你前进，它只会提醒你：你身处危险之中。它是对的，但你可以带着恐惧一步一步地朝着你的目标迈进。

计划你的离开，并让门敞开

我不太喜欢谈论“意志”，在此类情况下，人们总是把它作为一种解决办法提出来。另一方面，每当你的方向、信念和异常脆弱的新的保护能力受到干扰时，你都需要勇气、冷静和空间去思考和重新集中注意力。

不要犹豫，逐步做出安排：如果明天你无法离开，或许在一年后你可以离开或斩断联系。实行每次一小步的有效策略：先做容易的事，把困难的事留到最后，但要做好充分的准备。

我经常说，这种运转日复一日地启动，如有必要，甚至是一小时一小时地启动。花点时间和自己建立联结，比如定期和自己的呼吸或心跳重新建立联结。

尤其是，要记住摆脱孤立并保持警惕：无论你选择什么方式，都不要让自己陷入会让你停滞在暴力关系、辩解、适应他人或任何形式的心理能量损耗的新模式中。

不要犹豫和你的家人重新建立联系——如果他们能理解和倾听的话，和你最聪明、相处起来最舒服的朋友或任何其他能映照出你的积极形象的人在一起。通常，宇宙会让你在前行的道路上碰到你需要的东西和真正能帮助你而不期待任何回报的人，只需在精神上和情感上保持这种可能性：有可能一个你不认识的人会来帮助你，有可能一个积极的事件会帮助你应对自己所处的情况。

腾出精神空间，好让你可以重新集中注意力并思考。请记住，曝露在心理暴力之下，最终会导致与死神擦肩而过的心理后果：这是创伤性解离，是由和施暴者的接近造成的，再加上情感印记的机制，这些使你无法思考。

自卫的第17个要诀：喘口气！

让你的生活重回正轨，并让你找回自己的分析、记忆和专注能力的唯一可能就是冲破情感印记的影响。这就是为什么你需要和施暴者保持物理距离的主要原因。

如果无法立即做到这一点，你可以先从安排自己一步一步地离开着手，身边要有心怀善意、能够帮助你安全起飞的人。

获得能量以摆脱心理游戏

你首先要做的一件事，就是想方设法恢复你的精神能量，从而恢复身体能量，好让你自己从作为心理暴力受害者的处境所造成的疲惫的状态中恢复过来（参见第11个要诀）：或许是正念冥想、晒太阳、独处、关切之人的陪伴、按摩、旅行，或者相反，和你长期以来的参照保持近距离的接触。很多时候，你在此之前完全忽视了它……但这是至关重要的。事实上，心理暴力会耗尽你的精神力量，有时甚至会导致精神力量“断路”。因此，你需要紧急恢复，以便知道如何应对并保护自己的完整性。

如果你的过度适应让你忽视了自己的需求，也因此让你失去了倾听和尊重这些需求的能力，那么了解或恢复你的运转方式就是关键所在。建立起你对心理暴力的防御是至关重要的：不要再允许别人对你作出任何评判。你是成年人，你有权评估自己的行为、需求、态度和想法是否符合自己的价值观。除非你做了违法的事情，否则你就是自己行为的唯一评判者。

事实上，评判就是从外部给某人贴上标签，是从一个无法代替他人知晓的位置上作出判断。这就必然意味着一种暴力关系，因为要作出评判并因此要知晓，就必须认为自己掌握着定性他人和所有人感受的普遍标准。因此，这就意味着认为自己高人一等。然而，那个高高在上、自以为优越、虐待你并因此成为戏剧三角中迫害者的人，只有在受害者接受并将自己禁锢在自己的角色中时，其角色才能得以维持。迫害者和受害者是不能没有彼此的……

在这里我们触及了一个较为敏感的话题，我不想伤害到你，更不想跟你说你对自己成为心理暴力的受害者是负有责任的，或者说这是你自找的，又或者说施暴者是可以为自己洗白的。但是，我仍需要以最谨慎的方式让你们意识到这样一个事实：你允许了这一事态的存在，往往是在不知不觉中，因为你们已经知晓并熟悉了这一事态。

对于人类的大脑来说，熟悉的东西让人安心，但有时熟悉的东西是暴力的。我们需要忘却旧的关系模式，用新的模式取而代之，这样才能开始创造和建立新的关系，但这需要一种清醒的意识。

当你拒绝被定性、被支配、被贴上标签、被工具化时，你就摆脱了暴力关系，从而也就摆脱了心理游戏。当然，这可能会产生严重的后果，比如与你共同生活的人分离、被父母剥夺继承权或突然被解雇。无论哪种情况，如果你没有及早采取更为恰当的方式，担心这些事件会发生，就会重新激活你被拒绝、被抛弃、遭受不公或被羞辱的伤痛，还会促使你不惜代价去回避这些根本性伤痛复发的机制。

但是，这些突然的分离并不一定会发生。我甚至可以说，没有什么是确定的。而且我也认为这对你来说可能是一种损失。这会让事情变得更加困难，因为让你和施暴者分开的是你自己。但是，你是那个了解被拒绝的伤痛的人，你是那个具有共情能力的人，你觉得自己完全无法对任何人这么做，甚至对那个虐待你的人也不行……不要让你的共情能力成为囚禁你的牢笼！

放手吧！

我们作为人类的境况及其强加给我们的限制是让人难以忍受的，因为这些境况和限制会让我们的个人能力千差万别：它们揭示了一个真相，即我们中没有人可以做到面面俱到，也没有人可以做到事事完美。我们的个人要求越高，我们承受的压力就越大，心中充满怀疑，因对失败的恐惧而手足无措，料想每一次失望，注定要不断受挫。但是，承认自己的局限可以带来无数意想不到的好处。[1]

当你放下不属于自己的责任时，你周围的人最终才可以在其恰当的位置上以恰当的方式担起这些责任。

玛丽露的亲身经历（最后一部分）

在心理治疗师的帮助下，我得以从一种全新的视角去审视自己的经历、分辨各种细微的差别。我曾告诉自己，广义来讲，我有一个脆弱、不负责任、刻薄、自私的姐姐，但这不是她的错。她之所以这样是因为她需要爱，她缺乏爱，因此我的责任就是给她爱并陪在她身边。她想毁掉我，可能是出于嫉妒，因此我应该避免给她嫉妒的理由，她需要我，但却不自知。她需要我，因为她无法照顾好自己、无法靠自己生活。简而言之，我对她的共情蒙蔽了我的双眼，让我忘记了对自己的同情。我也终于被大家对她的评判沾染。我没有意识到，正是我这种无时无刻不在对她做出的过度保护行为，使得我在继续破坏我

1 这是作者在《关照自己成人的内心世界：获得自由和快乐的五个步骤》（*Prendre soin de son adulte intérieur, les 5 étapes pour être libre et heureux*）一书中谈及的主题，Eyrolles出版社，巴黎，2019年。

们角色的次序。我也没有意识到，正是因为我一心想要保持与她的融合，就像小时候我们好像是“双胞胎”一样，我才让她无法在这个世界上找到自己的位置，作为一个独立的个体，而不再作为我的姐姐，而且是“我失败的姐姐”。

她渴望成为一个独立的存在，能够完全地存在，在她作为姐姐的身份之外自由地重塑自己，而无需重新思考过去，无需忍受比较，为此她需要远离我去改变，因为她知道，人们不会停止这样做。因此，对她来说，或许我的行为也是一种暴力，因为我坚持强行与她建立联系，并无视她觉得不得不传递给我的同样暴力的、为了让我明白不要去打扰她的信息。她并不恨我，正如我最终告诉自己的那样，她也是爱我的，但她不得不做出选择。在我们冲突最激烈的时候，我认为必须在我的生存本能（通过与她保持距离来保持我的精神健康，以免遭受她对我的一再伤害）和我的拯救者本能（我对她的爱，因此也是我的宽恕和我们的和解，即使这意味着我可能会继续做她的出气筒）之间做出选择。她，则必须在她的生存本能（为了生存而拆伙）和她对我的爱（保持融合，意识到我的依赖性，并继续带着被抹去的身份生活）之间做出选择。

现在，我对我们两人都有同情和共情。我们都有权去过充实而不带愧疚的生活，而且必须承认，到目前为止，我们都没有真正做到这一点，困在这种以爱为名的不健康的共依附模式中。这是她的选择，她迫使我接受这种分离，但现在，我接受了这种分离，甚至感谢她最终做出的这个选择，这肯定需要她拿出全部的勇气和力量。她这样做让我们俩都得到了解脱。

现在，我已经放下了我们的关系，并在治疗师的帮助下完成了对它的哀悼。一开始很痛苦，但我最终意识到，这为我腾出了所有的空间来照看自己、照看自己的生活，为此，还有许多事情需要去做。我继续努力，日复一日，我看到了自己取得的巨大进步。我觉得连自己呼吸的空气都不一样了。有生以来我第一次感到对她的心安理得。

尽管现在我们相距遥远，彼此断了联系，但我感觉很好。我不担心，不害怕，我有信心。她是这样，我也是这样，因为我们俩不仅会在“解除融合”中幸存下来，而且会过上更好的生活。矛盾的是，正是在这种没有关系的情况下，我才能够找到我们之间真正的纽带，一种真正相互关爱的纽带，即使看不到她，甚至无法跟她说话，我也能感觉到这种纽带。我无法解释或证明这一点，但我真切地感觉到了。

归根结底，我们对彼此造成的所有伤害都不是我们想要的，我们想让对方拥有最好的东西，但我们错误地认为，为了做到这一点，我们就必须剥夺对自己来说最好的东西。今天，通过这种保护性的必要分离，我们不仅尊重自己，也尊重对方，只有这样做，才有可能在一个幸福未来的某一天再次建立起新的关系。我明白了，我姐姐的运转方式和我不同，她不是我的一部分，她是另一个人，即便她是“我的姐姐”，我也不“拥有”她；即便她是我的姐姐，我们也没有可比性，而且不应该被拿来比较。我姐姐是我姐姐，而我是我。这是一种十足的相异性体验，与人们通过自然将兄弟姐妹同化所形成的想法相去甚远，哪怕兄弟姐妹拥有相同的父母、相同的基因。

我把这个机会当作一份礼物，同时也是真爱的礼物，因为自那以后，我也在这种对我们相异性的接纳和尊重里发现了真爱。这会是一条漫长而艰难的道路，但我从与她的关系中学到的东西适用于所有人：健康地去爱。这让我感激涕零，并印证了每个人在一生中至少听过一次但往往很难相信的格言：我们的经历，即使是最糟糕或最痛苦的经历，也会让我们成长。

当你被迫屈从于自己的局限并停下来时，其他人就可以学会去做你做得如此之好的事情。他们或许一开始会做得不完美（但也许不会！），不一定像你以前那样去做，但你让他们可以学习，或许还能让他们发现那些他们自己不敢在人前显露的一面。

这还会引导你最终发展自我同情的能力，而当你成为心理暴力的受害者时，你往往缺乏这种能力，只因为很少有人对你表达同情。这会让你摆脱你对自己的暴虐和愧疚的话语，这些话语曾让你精疲力竭、不堪重负。你会开始温柔地与自己交谈、倾听这种精疲力竭和有益身心的休息需求，你会更好和更多地爱自己，从而获得能量。

你会克服对孤独和寂寞的恐惧。事实上，当我们足够强大、方方面面都做到万无一失时，我们会感到自己是不可或缺的，因而也必然会被众人围绕。这往往涉及几个世纪以来男性通过暴力和压迫对女性行使支配权的问题，我们有理由对此进行谴责。同样值得注意的是，这种支配，以及作为其最有害后果之一的女性的巨大不稳定性，使得妇女夺取了权力，因为女性懂得做而男性不懂得做的事情让女性变得不可或缺，她们的技能往往与家庭、土地、自然、亲眷、照料和亲密关系等领域相关。在知识和认知领域，男性也在寻求同样的支配权。如果我们摆脱了暴力关系和这种为了巩固权力而将任何的知识和技能留给自己的逻辑，我们可能就会发现，合作的逻辑要比支配和服从的逻辑强大得多。当我们把自己的技能结合起来时，我们的能力就会更快地得以彰显、涵盖更多的方面，并更准确地瞄准能力要去解决的问题。我们对孤立的恐惧可以通过合作得到更为持久的解决，而不是通过操控或寻求他人对我们的依赖。合作的可能性可以激励、提升和推动我们周围的人。当正确的人处在正确的位置时，当父母保护他们的孩子而不是让他经历相反的境况时，孩子就不再焦虑。应对脆弱的方法不是被更多的人围绕，而是被更好的人围绕——那些给予我们机会成长和发展的人。

你还可以体验到对他人评判的恐惧的终结。让自己直面恐惧，那种被视作抛弃伴侣、父母或老板的“坏男孩”或“坏女孩”的恐惧，你将能够捻碎愧疚和社交耻辱之链上的每一个小珠子，这条链子是用那些谈论着与己无关之事的人的评判之线串就而成的，这些人既不了解整体情况，也不审视自己的愧疚区域，这就是为什么他们会对所有可能包含别人愧疚的区域细细查看。

你会发现，面对自己所有的脆弱，并有意识地选择去照看它，能让你揭开身边之人的面具，从而对他们进行筛选。而被那些并不完全只是为了你好的人所围绕，是非常耗费精力的，比克服对只是展现真我的恐惧还要耗费精力。

布琳·布朗（Brené Brown），美国社会学教授和研究者，致力于研究脆弱，她拥有一种神奇的能力，总能说出令人过耳不忘和深受鼓舞的金句。她对放手是这么说的:“最大的风险是什么?对别人的想法放手,还是对我的感受、我的信仰和我是谁放手?”

自卫的第18个要诀:设定界限,保护自己

想想你生命中的某个时刻,由于个人的局限,你被迫不再继续某个任务、中断某个项目、不去信守承诺。

这种放弃是否让你身边的某个人发现了自身某个连他自己都不知道的部分?让他获得了自信?让他掌握了新技能或获取了新知识?

你的内心对自己说了些什么?你是如何对自己说这个决定的?

是否尽管失败了,甚至幸亏失败了,你更爱自己了?

在面对这个决定及其后果时,你是否感到孤单?

你周围的人是怎么想的?

这一次你是否学会了接受自己的局限?

如果对这些问题中的任何一个回答是否定的,那么请你现在就尝试寻找这个决定可能引发的积极回应,如果你改变了对其后果的看法的话。

你有被爱的权利

是时候和你分享一个让人解脱的发现了：你可以被爱，只因为你存在。这种强烈的信念在我身上是逐渐显露出来的，而且，就如通常的情况，它是通过首先在其他人身上被看到而显露出来的。这种信念源自一位治疗师朋友的反思性建议："你是否认为世界上有哪个生命值得不再被爱或不被任何人爱？""不，确实不。"我甚至不得不承认，对我来说，就连世界上最丑陋的植物、最具攻击性的动物和最恶劣的罪犯也有被爱的地方。按照这种逻辑，既然我自己是一个生命，那我就有被爱的权利。

我们在这个领域理解概念的视野仍然过于狭窄，这一领域和个人主义的信念相关，这些信念认为，如果我们去爱，就会遭到背叛或伤害，或被践踏，或被干扰，或被剥夺自由，这是一种混淆。爱并不意味着这些，它只是意识到自己和他人，并想要像照顾我们自己那样去照顾他人，我们每时每刻都在努力让生活变得更加美好和充实。生活本来就已经很美好、很充实了，我们甚至与此毫无关系。

我们在关系中的所有挑战都在于学习建立联结，而不是把他人贬为工具、公仔、对抗孤立的防护罩。我在做心理咨询时常常会听到有人抱怨他们的伴侣无法让他们足够放心。但一个人要怎样才能让我们放心呢？让一个孩子放心，就是爱他；让一个成年人对我们对他永远的爱放心，这不仅得碰运气，而且是非常不恰当的。我们可以每天都说“我爱你”，但不会说“我会永远爱你”。因为你也拥有走进和离开一段关系的自由，而且你会因为总是被迫承诺永远爱对方而深感痛苦，因为如果你不满足对方的要求，他就会感到极度不安，而你也会深受其苦。然而，这不过是一种无法得到满足的敲诈行径。因此，每个人都必须让自己放心，而最有效的方法是意识到如果我们对自己的生活负起责任，我们就永远不会被抛弃，因为我们会是不可抛弃的。

这也是做一个成年人的含义：成为不可抛弃的人，因为你会永远支持自己。如果你直面自己的欲望和需求，如果你用心回应它们、为自己幸福的表达和实现创造条件，那么你就可以自由地生活，无论你是单身还是有伴侣。

为了你自己，再体会一下这些话，你会意识到生命给予你的无限进化的力量，这就是继几位哲学家之后，我所说的“生命冲动”。借助你赞叹和感恩的能力，借助你的个人价值感、你对自己能力和对生活做出正确决定的信心，你可以逐渐引导自己拥有一种平静和真实的姿态：在生活中，你无需“做”任何事就会被爱，你只需存在。成为你自己，成为之于你自己和之于世界的存在。

相信你的大脑，剩下的交给时间

发现生命冲动会带来巨大的改变：它会让你跳脱出他人的参照系，这个他人不再对你拥有任何权力，因为他再也无法说你是谁，你有什么价值，你值得或不值得。他再也无法对你说任何话，更不能判定“你永远不会获得爱”。

于是，唯一重要的问题就变成了：“我内心深处想成为谁？”“我个人想要做什么？”为了回答这些问题，并重新寻回安宁的空间，你可以把信心托付给你的神经生理系统。

事实上，我们的大脑，就像整个生理系统一样，是趋于平衡的。这就是我们所说的“稳态”。为了保持情绪平衡，大脑会以一种反复的方式进行补偿：当一种非常强烈的、让我们失去惯常稳定性的情绪出现时，大脑就会做出寻找相反情绪的反应，以纠正这种不平衡。这意味着，在面临重大的生活危机时，在与危机根源拉开距离之后，你只需要等待大脑完成它的工作。这就要求你要有耐心（在此类情况下很难做到）并相信自己。

如果你让大脑去完成这一平衡工作，而不是通过对自己恶言相向或强化认为自己无能的信念来进行自我破坏，那么，时间就更有可能赋予你看待事物的新视角，给你带来让你快乐的活动、美好的邂逅或对自己更好的了解，以及善意的接纳，这会逐渐让你对自己的期待充满信心，而这一点是非常宝贵的。

萨沙的亲身经历

萨沙鼓起勇气离开了那个暴力控制狂的伴侣，而且再也没有回到那段关系中。她讲述了自己漫长的重建之路。

离开时，我感到崩溃、空虚、无能为力、丧失了意志，也没有能力去实现什么。我一直处于过度警惕的状态，再也无法入睡，这让我筋疲力尽。

我花了很长时间，得到了很多的善意并接受了治疗。当时的我需要说出来，好把他对我所做的一切全都排解出去，发生的一切一直在我的脑中萦绕不散。

一开始的时候，我把我的痛苦告诉了我碰到的每一个人。这些人不理解，我让他们感到震惊，因为我把自己的私生活摊开在他们面前。但我想要得到安慰，好让我确信错不在自己。然后，我想要退缩，我很伤心。事实上，我接受了让自己去感受些东西的做法。

我停止了工作，百分百地专注于自己，并在最开始的时候什么都不做。我陪女儿上学，然后回家睡上一整天。

除了看心理医生，我还找了催眠治疗师、顺势疗法师和指压医师。这听起来可能很多，但我当时需要被照顾。然后我又重新有了渴望，渴望为自己做一些事情。我想种菜。

种菜这件事有两点让我很喜欢：一是双手插进泥土，二是穿着沾满泥土的运动服和运动鞋乘坐地铁。感到自己摆脱了旁人的目光，与那些朝九晚五去上班的人有了某种差异，这让我获得了一种真正的快乐。我曾不惜一切代价地试图让人理解、让人认识到我是一个受害者，而不是做错的那个人（因为我留下了、因为我撒谎了、因为我带走了孩子……）。不久，我退出了所有的社交活动。最后，我重新找到了一席之地。

我终于在不知不觉中重新站了起来。我所需要的是时间和把自己放在第一位。我不得不接受自己的哭泣，接受哭泣所代表的伤害，不要害怕被所有这些泪水淹没。永不放弃！最终，这成了我唯一能够展现的能量。

当我们第一次体验到痛苦的情绪时，这种情绪不会碰到任何的抵抗，我们不会保护自己免受它的伤害，尤其是在我们没有对此做好准备的情况下，所以会异常强烈地感觉到它。我们需要一点时间，以便在面对这种负面情绪时能够让矫正刺激出现，从而使我们可以再次达到平衡。这就是为什么，如果你在自己和施暴者之间拉开一定的物理距离，如果你允许自己有片刻的休整，如果你允许自己存在并因此感到被爱，你就会逐渐比平时更强烈地感受到快乐小气泡的迸发。正是这一过程，让我们在悲伤时面对小小的奇迹（日落、拥抱、非常可口的巧克力、秋天的色彩或春天的花香）会感到特别强烈的积极情绪。

“时间可以治愈一切伤痛”不仅是一句格言，时间并不会通过魔法或磨损将痛苦抹去，而是因为我们的认知—情绪系统出色地完成了工作。

自卫的第19个要诀：拥抱幸福的气泡

很长一段时间以来，我都会在一本日记本中写下我所谓的一天中的亮点（高光时刻），为的是记录每天有哪些事情让我感到了生活的美好。

客观地说，这本日记在我身上灌注了平静和自信，这在以前是很不寻常的。

我从来没有错过任何一天。我会至少记下一件我认为美好的事情，如果可能的话，就记下三件。我记得，找到三件美好的事情从来都不是个问题。

轮到你了，挑一个漂亮的笔记本，把你觉得美好的东西列出来，或者写下你每天看到、感受到或发生在你身上的三件美好的事情。

你的首要任务是你自己！

为了实现计划的剩余部分，你会经历一个根本性的全新改变：撇开过错和愧疚的问题，进入责任领域。你对你的生活、它所包含的内容和你选择克服自己痛苦和爆发的方式负有完全的责任。而这种感觉比愧疚感要有趣得多，也比羞耻感要有效得多，因为羞耻感只会让你处在他人的目光之下，而不是专注于自己。

临床心理学家伊夫－亚历山大·塔尔曼写道："在西方，人们误解了情感的运转机制，常常认为我们的感受与他人的行为或言论有关。"[1]我们通常会坚定地认为，如果我们感到悲伤或愤怒，那是因为外部环境证明了其合理性。事实上，没有人能够在自身以外创造情绪：是我们自己决定了我们想要对发生的事件作出什么样的情绪反应。我们的感受和感觉来自我们对外部事件作出的内部反应，这往往和引发阐释的信念有关。

1　伊夫－亚历山大·塔尔曼（Yves-Alexandre Thalmann），《情绪解码器：培养你的情商》（*Le Décodeur des émotions, développez votre intelligence émotionnelle*），First Éditions出版社，巴黎，2013年。

实际上，心理暴力中的投射机制是双向的：这些机制不仅会从施暴者转向受害者，而且也会从受害者转向施暴者……你也一样，你会无意识地将另一个施暴者或多次小的心理攻击的特征投射到你“选择”的那个人身上，以克服自己身上的这种运转不良。当你在无法保护自己的时候或经常被某人暴力相向时，你通常会倾向于在成年后选择另一个施暴者，好让你可以保护自己。但这些施暴者永远不会完全一样，你有时会过度解读各种迹象，以便最终爆发或解决你小时候发生的事情。

因此，重要的是找出你的投射和痛苦过往对你成年生活产生的影响。这是为了以一种负起生存责任的姿态持久地改变你的生活模式，也是为了处理本真的问题，而非你投射的问题。

要从根本上解决问题，也就是从你的童年入手去解决问题，你就需要回答几个问题：施暴者对你意味着什么？你真正想要挽救的是谁？你想让谁爱你？这一做法的目的并不是要修复对你来说危险的亲子关系，而是要帮助你在自己身上找到一条深层的治愈之路。

让你周围的人去自行恢复，为自己做出努力，这种要求已经很高了（而且也有效得多）：你的首要任务是你自己！

这个自我重建的基本原则很简单，它的目的是把你自己放在首位，但它要求一种真正的范式转变，有时甚至是一场内心的革命，特别是如果你是女性的话……

事实上，即便是在如今的社会中，小女孩依然是在“取悦”的指令下被抚养长大的，而如果哪个女孩对此嗤之以鼻，就会让我们深感震惊并产生质疑：她在我们眼中就会是“不正常的”，我们会认为她不守纪律、傲慢、叛逆。但为什么呢？对于一个毫不考虑自己是否能够取悦于人的小男孩，这些形容词根本不会出现在我们的脑海中……此外，如果用这些词语来形容一名男性的话，它们几乎会具有一种正面的含义，或至少会以一种疼惜的方式被说出来。

但愿这个世界上的小女孩都能选择先取悦自己、后取悦她们希望取悦的人，而不会立即被人说成是自私的人。到了那个时候，我们就将在抗击心理暴力的道路上迈进一大步……

你越是专注于自己、你的需求和你的局限，你就越能保护自己不被他人索取，从而避免遭受他的暴力。

反操控技术

不幸的是，你可能无法彻底远离一个在你生活中不愿审视自己运转模式的人，于是，对你或你亲近之人施加的心理暴力就会继续。如果你已经和心理暴力的实施者离婚，但你们有了孩子；如果你在任何情况下都不能辞职，因为你从事的是一种非常罕见的工作，而在你的生活范围内找不到适合你的工作；如果你无法到别的地方去；如果你面对的是实施心理暴力的父母，在此类特殊情况下，我请你以真诚、客观的方式去审视迫使你与这个人保持相对接近的原因：在你对强加给自己的限制作出的反应中多一点创造性，寻求帮助，好让自己与这些限制拉开距离。如果你暂时没有找到任何的解决办法，那就尽量为自己留出独处的空间，哪怕是很小的空间，以便找到喘息和得到庇护的时间。

鉴于你们中的一些人因此被迫留在心理暴力实施者的身边，被迫时常曝露在他的攻击之下，我在这里提供一些基本的反操控技术。你自身的敏感性、你的共情能力和你的人性品质都在跟你作对，让你无法有效地运用它们，而你的对手，他很清楚如何斩断自己的共情，他可是经过高强度训练的……因此，你必须像战士一样做好准备，而且不要忘记那个绝对且无可争辩的目标：你的生活——宁静和受到尊重的生活。

你必须学会保护自己，并认定这就是目标本身：你的生活和心理健康是你最宝贵的东西，为了保护它们，你必须设定严格的界限，因此在面对你仍然爱着或曾经爱过的人时，你要做出与之前的表现截然相反的反应。

出于所有这些原因，如果你必须练习这些技术，那么我会鼓励你认真准备、找到不让自己曝露太久的方法、认定你有权为了保护自己而撒谎（比如，编造借口以便更快地离开），而不把自己置于受害者的角色中，因为这个角色会让你继续我们之前一起揭示的心理游戏。

记住，你必须坚定地保持成人的姿态："我对我的生活负全责，我不会要求你以任何方式为它负责；我要你对你的生活负全责，我不会以任何方式为它负责。"

不再恐惧

应对心理暴力和操控，你首先需要处理的就是恐惧问题：这是施暴者的发条，有了这个发条，施暴者是不会因自己的行为而担忧的。你怕他离开你，怕他解雇你，怕他剥夺你的继承权，怕他把你赶出家门，怕他带走你的孩子或怕你的孩子恨你，怕他恨你或是说你的坏话，怕他夺走你所拥有的东西，怕他会让你变得孤单无助……

然而，他并不拥有所有这些权力。理性地说，你是知道这一点的，但他在你身上留下的情感印记很深，这印记不断被他取得的小小胜利所滋养：你最好的朋友被他的理由说动了，司法体系似乎更愿意听他的话而不是你的话，等等。你越是身在他的游戏之中，你就越是恐惧，他就赢得越多。这就是为什么，他总会试图在你最恐惧的地方下手，因为他知道这是能让他发挥效力的神经痛点。

在我帮助心理暴力受害者与施暴者对簿公堂做准备时，比如为了孩子的监护权，我们会借助情绪调节对最坏的情况（失去监护权）做功课，直到受害者不再恐惧。这样，恐惧就不会在受害者出庭时成为一个严重的问题，他们在回答法官的问题时就不会分心，也不会觉得回答每一个问题都会有性命之忧。这种策略能够让受害者保持冷静的头脑，并更有可能得到他们想要的东西。

我建议你和有经验的人一起去面对恐惧，这个人会让你发现自己资源的广度，并感到没有什么能让你崩溃，你所认为的最糟糕的事情与你对生活的渴望相比算不上什么。这种改变将让你变得更强大，而且一定会让不习惯这种新情况的施暴者受挫。

实事求是，避免受到影响

有两个策略可以帮助你摆脱不断辩解的局面和不公感。

第一个被称为“扮天真策略”，就是玩施暴者的游戏，这需要强大的自控能力。心理治疗师埃尔维·马尼安（Hervé Magnin）明确指出：“目的是识别所给出的借口的不一致性，在没有道德说教或评判的情况下反驳他的论点。”这有点像扮演“天真孩童”的角色：不要为自己辩解，不要试图反驳论点，同时陷入一种可怕的不公感和被攻击感之中，而是要扮演一个无辜的人，这个无辜之人真的不明白自己因为什么而遭到指责，因为在施暴者的心中，事情不是那样的。然后，你就可以平静地陈述所发生的事实了。

所有的操控都有其“被掩盖”和转弯抹角的一面，为的是在一个人不知情的情况下从他那里得到操控者想要的东西。因此，想要破除操控，就必须让你的施暴者明确说出他想从你这里获得什么，并以简单明了的方式冷静地作出回应，但不要为自己辩解：他到底想从你这里得到什么？他到底想让你做什么？根据他的澄清，你再决定自己对他的要求给出什么样的答复，明确地答复并坚持己见。

当你还是个孩子时，你学会了揣摩隐含的意思、了解对方的意图，以便作出回应：在你所处的境况中，你急需忘却这种运转方式。它是操控的温床，让你变得反复无常，让你相信你是自愿处于这种情况下的，因为你就想这样。对施暴者来说，这往往意味着他/她对你的所作所为是合理的。

有问题的不是交流信息中的隐含部分，而是这种关系的发条让心理暴力成为可能的事实。这就是为什么，你永远不该允许被你识破的操控者对你做出这种行为。

为了摆脱操控，你在任何情况下都不能使用操控游戏的规则，因为这只会适得其反。你的目标是练习简短而清晰的交流：只需描述你观察到的事实，不要进入不着边际或语焉不详的对话。

自卫的第20个要诀：只回应明确表达的要求

为了不让你自己扮演推动心理游戏运转的“拯救者”（参见第91页卡普曼三角），你必须理解以下这个简单但绝对的关系规则：“没有表达出来的要求是不存在的。”

这条生活规则适用于你和你周围的每一个人，无论他们是否具有良好的意图。

当我们不得不谈论一个给我带来麻烦的事实时，我们往往会倾向于加入情绪、感受，尤其是阐释。我们应该做的，是学会陈述我们不赞同的事情，以及我们对施暴者的具体期望。比如不要说：“你根本没把我们放在眼里，爱丽丝已经等了你两个小时了，她不知道你会不会来接她，她都绝望了。”而要说：“你比约定的时间晚了两个小时。我希望你能遵守法官定下的时间，这样爱丽丝才会安全。”这可能没什么用，但你曝露于暴力之下的程度就大幅减小了，这就让游戏打了折扣……

记住不要添加阐释：只需陈述事实。正如你现在所知道的，一切的阐释都源自对暴力关系的允许，而反操控的主要目的是不让另一方玩游戏。

“破烂唱片”技术

为了避免进入阐释、情感和情绪的恶性循环，你还可以使用“破烂唱片”技术。这种技术可以让你得到休息，有时还能让你被倾听，而不会让压力加剧。例如：

—— 我希望你能准时赴约。

—— 啊！好让你去见你的情人吗？你想让我出丑，对吧？

—— 我希望你能准时赴约。

—— 可你有什么重要的事情要做？

—— 我希望你能准时赴约。

—— 你是吞了一台唱片机吗？你能跟我解释一下，短短十分钟，我能碍着你什么？

—— 我只是希望你能准时赴约。

—— 啊！得了，你简直太无聊了，我走了。

你把自己的愿望清楚、简洁地表达了出来，说不定你自己也听到了，而你在做这一切时没有进入他的游戏之中！

敢于说不

为了保护自己免受任何心理暴力的伤害，你必须摆脱与施暴者任何形式的共谋。同样地，不要对操控者抱有期望。如果你必须而且想说不，那就说不。

自卫的第21个要诀：你有权保持沉默

很简单，一切尽在这句话中：“你有权保持沉默。”

- 你有权利挂断电话，稍后再打回去；
- 你有权不立即回答某个问题或根本不回答；
- 你有权结束谈话；
- 你有权不提供个人消息、不为自己辩解、不为只牵涉你的生活的决定找借口。

当你害怕对某个要求做出否定的回答时，这就会在你身上造成一种不适感，而这种不适感会立即被你的对话者识别出来。这就会让他坚持要你回答（这是一种心理暴力）并希望能扭转局面，他还会试图说服你或期望你为自己辩解，这就会让你处于受害者的位置，而心理游戏的前奏就会不可避免地奏响：好嘞！他已经准备好迫害你了。

为了终结操控，你必须坚定、清晰和明确，不要提高声调，不要为自己辩解，不要反悔。不就是不，就这样。如果对方的要求过于强硬，你有权挂断电话、结束谈话、保持沉默或使用“破烂唱片”技术。

此外，一个非常重要的原则可以保护你免受很多操控：你是自由的，你拥有所有的权利，包括违背诺言、反悔或甚至不去遵循他人为你提供逻辑的权利。如果你的对话者想操控你，他会试图激活你身上的关系发条，这些发条跟你认为自己欠下良心债的信念有关，但你要记住，这种良心债并不存在。当你还是个孩子时，你对父母不曾欠下良心债，而作为一个成年人，你无论对谁都不欠良心债。不要让这个杠杆发挥作用。你在良心上不欠任何人任何东西。如果你欠了一些实质性和财务性的东西，我只能建议你尽一切努力让这笔债不再存在，或是在第三方（法官、国库工作人员、律师、公证人）面前迅速就最后期限达成协议，并在这一期限内把债还掉，而且要坚持下去。

自卫的第22个要诀：还清欠债

你欠的债束缚着你，并助长了一种依赖系统的形成，这一系统严重妨碍了你行动、决定和最终离开的自由。无论它们是良心上的还是财务上的，你都要摆脱这些债。

首先，评估这些债是否具有合理性。如果是的话，那就把债还掉。如果不是的话，接受这些债是通过胁迫或强制（这是一回事）强加给你的这一事实，表明你不欠他们的，因此你也没有什么要还的，让你的“债主”知道这一点。

保持坚定

你的力量通常在于你能够说出自己的真实想法，而你的对话者则相反。你可能会有相反的想法，但这会让你有信心：你不需要去设想回应的话，只需要说出自己的想法。但是，如果你坚持下去，效果就会更好……如果你不得不改变主意，那么最好推迟这个决定，这样你就能以客观的方式去验证其合理性。尤其是，如果你不得不反悔的话，不要对嘲讽或指责作出反应。

此外，反操控交流以毫不犹豫的方式进行是最有效的：尽可能控制你的言语，但也要控制你的手势和态度(你的非语言交流)。这就是为什么我在序言中指出，最好不要在过长的时间内使用这些技术，因为这会让控制变得困难并越来越耗费精力。

不要急于作出回应，相反，你可以放慢节奏，但要表现出坚定和自信，即便这意味着显得冷漠，但这能让你保持冷静。如果你做不到，也不要惊慌。你的犹豫和不确定并没有授权任何人去虐待你。慢慢转回到“破烂唱片”技术上，这种技术是最安全的，如有可能，借助一句你准备好的话，如果必须在当时做出决定，那就慢慢地回应，仔细想好你的句子……然后使用“破烂唱片”技术。

自卫的第23个要诀：不要去操控施暴者

如果你有话必须要说，那就说那些你真想表达的话，不要为了知真而传假。

你有可能对无法了解真相的人撒谎，以便在身体上或心理上保护自己，但只要有可能，在没有正当理由或道歉的情况下，说真话会更有效。

真实的沟通：对抗操控的和平武器

我一直很犹豫要不要写这一章。事实上，有时候，你对非暴力的渴望会伤害到你，因为你混淆了不攻击和善意，混淆了保护需求和共情。但是，我更相信“真实沟通”的力量，也称为“非暴力沟通”。我坚信，无论在什么情况下，所有朝这种做法靠近的人都一定会从中受益良多。

为了让我们能够树立榜样，改变当前和未来几代人的沟通方式，而且，也许还能改变（一点）我们的关系世界，我会告诉你这种沟通技术的几个关键点，这一沟通方式的目的是根除我们对话中的暴力。

非暴力沟通不是用来教心理暴力实施者的。你不需要向施暴者解释或让他接受。这是一种沟通工具，旨在将冲突转化为真实的对话，并基于四个基本原则的应用：

1. 任何情况都应该能够在不评判他人的情况下被观察到；

2. 每个人都应该学会表达自己的感受；

3. 每个人都应该学会表达自己的需求；

4. 每个人都应该能够说出自己想要从对方那里得到什么。

这四个主要原则可以以问题的形式呈现出来：

—— 通过观察，我可以回到客观情况上来，没有任何评判、分析或阐释：客观上到底发生了什么？

—— 这一客观情况在我身上激发出怎样的感受和情绪？马歇尔·卢森堡编制了一份清单，列出了在这一过程中可能被唤起的两百多种情绪，其中包含积极情绪和消极情绪。

—— 我的哪些基本需求——已满足的或未满足的，引发了这种情绪反应？

—— 我可以提出什么明确而具体的要求来满足我的需求？可以是对自己、对另一个人或对几个人的要求。

遵循这种技术，意味着你要将自己的情绪反应需求联系起来，从而对自己的情绪负责。事实上，非暴力沟通的观点就是我们在第9个要诀中描述的观点：你的感受和情绪的源头不在于观察到的情况或他人的行为，而在于你内心深处的需求，在于对你来说至关重要的东西，在于你选择与你感觉到的情绪（暴力或不）相联系的行为反应。

通常，当我们感到愤怒、沮丧或烦恼时，我们的第一反应是寻找罪魁祸首。为了摆脱这些不愉快的情绪，我们会冲着他人发泄，这个他人就是我们认为的罪魁祸首。反正都要指责，不如借机夸大其词：“你总是这样！”“你总是什么都不明白！”……这些是心理暴力实施者所使用的方法，你必须对此具有充分的意识，因为我们时不时地都会是潜在的施暴者。

另一方面，非暴力沟通建议尝试去理解对方通过其暴力沟通所表达的需求，以便让他平静下来。在冲突情况下，我们倾向于认为他人的行为必然是针对我们的。通过换位思考并认识到他人的行为是他们自己做出来的，这不是在为这些行为辩护，而是让我们明白，大多数时候，他人所表达的需求不会牵涉我们，因为这种需求往往不是由我们来满足的。帮助他说出自己的需求可以引导他减少他的沟通中所包含的暴力，而这已经是一个很有趣的步骤了。

想要把这种沟通进行到底，就要掌握非暴力沟通的第四步——要求，这对于实现平和的关系来说是至关重要的。当然，我们都有共同的需求，但它们的优先次序对每个人来说都不一样，而且满足这些需求的策略也因人而异。一旦你确定和表达了自己的需求，并清楚了对方的感受和需求，你就必须提出明确而具体的要求，以便达成一个适合所有人的解决办法。

结语

成为心理平定的使者

研究遭受到的和表现出的心理暴力令人着迷：赖于心理暴力背后所有的无意识机制，对这些机制的系统有所了解，可以让我们更好地了解自己，发展改变的能力，修复受损的自尊并进入真实和健康的关系，包括爱情。

感知那些强加给我们的暴力要比感知我们施加的暴力要容易得多。但是，本书的目的是让我们能够在任何情况下识别出心理暴力，并培养我们的生存责任和情绪自主性。从幼童到成人，从初坠爱河的情侣到共度风霜的老夫老妻，没有任何一种关系模式可以让我们避免遭受或实施心理暴力。

我希望你已经找到了自己问题的答案，并希望你已经理解了这种隐性暴力的复杂运转形式。最重要的是，我希望，你已经学会照顾自己，学会尊重自己和受到尊重，学会不把心理暴力强加给别人，如果这个人比你更脆弱或更弱小因而无法保护自己的话，那就更应该如此。这也是本书的主要目的。要谨慎，但不要多疑。本书的目的不是告诉你要把所有的关系都视为潜在的暴力，把所有接受的教育都视为有害的编排。相反，我希望，通过阅读这些文字，你会想要进一步反思并在你的关系生活中做出改变，我也希望你与所爱之人的交流质量会得到提升。

我最衷心的愿望是，这本书能成为改变的有力杠杆，在你的生活和所有的生活中，在你的关系和所有的关系中发挥作用。成为心理平定的使者，成为心灵关系的使者，建立一种对每个人来说都是真实、直接、充满敬意和滋养人心的关系，没有操控，也没有伤害。我们每个人都如此强大，同时又都如此脆弱……真正地照顾好自己。

图书在版编目（CIP）数据

我们与心理暴力的距离 /（法）阿丽亚娜・卡尔沃著；欧瑜译；—上海：上海三联书店，2023.3
ISBN 978-7-5426-7985-7

I. ①我… II. ①阿… ②欧… III. ①暴力—变态心理学—研究
IV. ① B846

中国版本图书馆 CIP 数据核字（2022）第 241051 号

我们与心理暴力的距离

著　　者　[法]阿丽亚娜・卡尔沃
译　　者　欧　瑜
总 策 划　李　娟
执行策划　王思杰
责任编辑　杜　鹃
营销编辑　张　妍
装帧设计　潘振宇
监　　制　姚　军
责任校对　王凌霄

出版发行　上海三联书店
（200030）中国上海市漕溪北路331号A座6楼
邮　　箱　sdxsanlian@sina.com
邮购电话　021-22895540
印　　刷　北京盛通印刷股份有限公司

版　　次　2023年3月第1版
印　　次　2023年3月第1次印刷
开　　本　787mm×1092mm　1/32
字　　数　120千字
印　　张　7.125
书　　号　ISBN 978-7-5426-7985-7/B・816
定　　价　49.00元

敬启读者，如发现本书有印装质量问题，请与印刷厂联系15901363985

人啊，认识你自己！